AIGC应用指南
智能时代的必修课

AIGC Applications Guide
Essential Lessons for the Intelligent Era

主　编　王佑镁
副主编　柳晨晨　涂云芳　张田田　利　朵　王雪蓉

ZHEJIANG UNIVERSITY PRESS
浙江大学出版社
·杭州·

图书在版编目（CIP）数据

AIGC 应用指南：智能时代的必修课 / 王佑镁主编.
杭州：浙江大学出版社，2024.8. -- ISBN 978-7-308
-25306-2

Ⅰ. TP18

中国国家版本馆 CIP 数据核字第 2024AW3410 号

AIGC 应用指南：智能时代的必修课

AIGC YINGYONG ZHINAN：ZHINENG SHIDAI DE BIXIUKE

王佑镁　主编

责任编辑	傅宏梁
文字编辑	沈巧华
责任校对	汪荣丽
封面设计	春天书装
出版发行	浙江大学出版社
	（杭州市天目山路 148 号　邮政编码 310007）
	（网址：http://www.zjupress.com）
排　　版	杭州星云光电图文制作有限公司
印　　刷	杭州千彩印务有限公司
开　　本	787mm×1092mm　1/16
印　　张	9
字　　数	176 千
版 印 次	2024 年 8 月第 1 版　2024 年 8 月第 1 次印刷
书　　号	ISBN 978-7-308-25306-2
定　　价	36.00 元

浙江大学出版社市场运营中心联系方式：0571-88925591；http://zjdxcbs.tmall.com

前　言

2022年底至2023年初，我们见证了生成式人工智能(artificial intelligence generated content，AIGC)的迅速发展。AIGC是指人工智能自动生成文本、图像、音频、视频等多类型内容的技术。2019年，美国人工智能研究实验室OpenAI发布GPT-2，展示了AIGC在文本生成上的强大能力；2020年，OpenAI推出GPT-3，进一步提升了文本生成的准确性和流畅性；2022年，OpenAI发布ChatGPT，标志着AIGC的应用到达了新高度。我国百度的文心一言于2023年推出，是生成图像和文本的强大工具，它的产生进一步推动了AIGC在中国的发展。

党的二十大报告指出"推进教育数字化，建设全民终身学习的学习型社会、学习型大国"①。高等教育作为推行"学习型社会""学习型大国"的中坚力量，肩负着培养创新型人才、推动科技进步的重要使命。在此背景下，如何将AIGC融入高等教育中，使其成为助推学生独立探索、自主发展的有效工具，是智能时代一堂关键的"必修课"。

本书以"授人以鱼不如授人以渔"为宗旨，通过系统讲解、案例展示和实践指导，使学生更好地掌握AIGC的应用，真正实现自主学习和创新的目标。本书采用了OpenAI的ChatGPT和百度的文心一言平台，文本生成部分主要使用了ChatGPT，而图像生成部分则依赖于文心一言的图像生成功能。本书根据具体的应用场景将内容划分为三个主要部分，分别是"学习篇""生活篇""社会实践篇"，详细讲解了AIGC的应用方法。在每一个单独的案例中，读者都能够清晰地看到如何恰当地使用指令以发挥AIGC的潜能。此外，附录部分特别添加了数字化教学资源(课件)，介绍了AIGC的典型应用，读者可扫描二维码获取相关资源。

编者团队由多位人工智能领域的专家学者和一线实践者组成，他们在各自的领域内都有着丰富的经验和深厚的专业知识。在编写过程中，编者团队注重内容的科

---

① 习近平.高举中国特色社会主义伟大旗帜 为全面建设社会主义现代化国家而团结奋斗：在中国共产党第二十次全国代表大会上的报告[N].人民日报，2022-10-26(01).

学性和实用性,力求将复杂的技术知识转化为读者易于理解和操作的内容,力求结合最新的研究成果和实际应用案例,使得初学者也能快速掌握并应用 AIGC 工具。同时,编者团队深入挖掘、探索 AIGC 工具的应用,并进行系统的梳理和总结,为读者提供深入了解与充分利用 AIGC 工具的机会。

本书既可以作为课堂教学的辅助教材,也可以作为科技爱好者和相关从业者了解最新 AIGC 技术的读物。

由于水平有限,书中难免有疏漏或不足,恳请读者批评指正。

编者

2024 年 4 月

目 录

第1章 学习篇

1.1 语言学习与沟通技能

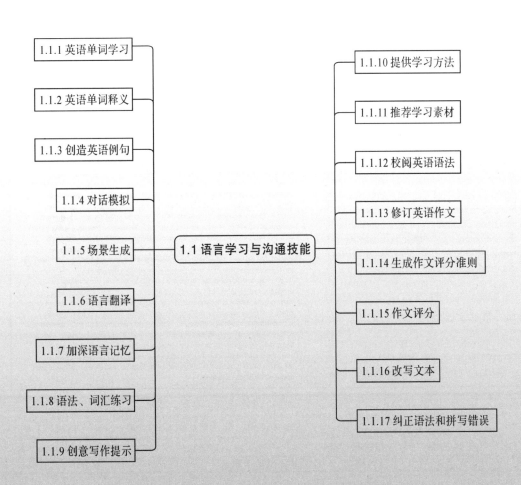

1.1.1 英语单词学习

1.1.2 英语单词释义

1.1.3 创造英语例句

1.1.4 对话模拟

1.1.5 场景生成

1.1.6 语言翻译

1.1.7 加深语言记忆

1.1.8 语法、词汇练习

1.1.9 创意写作提示

1.1 语言学习与沟通技能

1.1.10 提供学习方法

1.1.11 推荐学习素材

1.1.12 校阅英语语法

1.1.13 修订英语作文

1.1.14 生成作文评分准则

1.1.15 作文评分

1.1.16 改写文本

1.1.17 纠正语法和拼写错误

1.1.1 英语单词学习

指令

例：「单词学习和记忆对我来说是语言学习中最大的难点，尤其是单纯的机械记忆，让我感到非常痛苦。请你作为一位〈有多年教学经验和诸多教学方法的英语教师〉，帮助我更好地进行英语单词的学习。请帮我找出文章〈"The Impact of Social Media on Academic Performance"〉里的〈一词多性〉单词，并进行加粗标记。〈添加该篇文章〉」①

说明

在英语单词的学习中，学生往往难以在上下文中找出相关单词进行理解和记忆，例如一词多性单词、动词、形容词等。无法在特定的文章情景中理解单词，将会降低学习英语单词的效果。

示例②

单词学习和记忆对我来说是语言学习中最大的难点，尤其是单纯的机械记忆，让我感到非常痛苦。请你作为一位有多年教学经验和诸多教学方法的英语教师，帮助我更好地进行英语单词的学习。请帮我找出文章"The Impact of Social Media on Academic Performance"里的一词多性单词，并进行加粗标记。

In recent years, the prevalence of social media has become a significant aspect of college students' lives, raising concerns about its potential impact on academic performance. A survey conducted among university students revealed that a substantial amount of time is spent on various social media platforms daily. While social media provides a platform for communication and information sharing, it also poses distractions that can negatively affect students' focus on their studies. Many students admitted to checking their social media accounts during class hours, leading to a decline in their engagement with academic content. This has prompted educators and researchers to delve deeper into understanding the correlation between social media usage and academic achievements. Despite the concerns raised, the relationship between social media and academic performance is complex. Some argue that judicious use of social media can enhance learning by facilitating collaborative efforts among students and providing access to diverse educational resources. On the contrary, excessive use may contribute to procrastination and information overload, impacting students' ability to concentrate on their coursework. Striking a balance between leveraging the benefits of social media for educational purposes and minimizing its potential drawbacks remains a challenge for both students and educators. As universities grapple with this issue, fostering digital literacy and time management skills has become imperative to help students navigate the dual role of social media in their academic journey.

Certainly! Let's identify the words with multiple meanings in the provided passage and bold them:

"The Impact of Social Media on Academic Performance
In recent years, the **prevalence** of social media has become a significant aspect of college students' lives, raising concerns about its potential **impact** on academic performance. A survey conducted among university students revealed that a substantial amount of time is spent on various social media **platforms** daily. While social media provides a **platform** for communication and information sharing, it also poses **distractions** that can negatively affect students' **focus** on their studies. Many students admitted to checking their social media **accounts** during class hours, leading to a decline in their **engagement** with academic content. This has prompted educators and researchers to delve deeper into understanding the **correlation** between social media **usage** and academic **achievements**.
Despite the concerns raised, the relationship between social media and academic **performance** is complex. Some argue that judicious use of social media can enhance learning by facilitating **collaborative** efforts among students and providing access to diverse educational **resources**. On the contrary, excessive use may contribute to **procrastination** and **information overload**, impacting students' ability to concentrate on their **coursework**. Striking a **balance** between leveraging the benefits of social media for educational purposes and minimizing its potential **drawbacks** remains a **challenge** for both students and educators. As universities grapple with this **issue**, fostering digital **literacy** and **time management** skills has become **imperative** to help students navigate the dual role of social media in their academic **journey**."

---

①"「」"符号用于标记向 AIGC 工具输入的指令内容。"〈〉"符号用于标记特定的指令内容，对该部分内容可根据不同的场景应用进行替换。

②为真实呈现 AIGC 工具的回答，本书不对其回答作修改。

1.1.2　英语单词释义

指令

例:「为了方便且更好地理解单词的相关释义,请你作为一名〈经验丰富的英语教科书编辑〉,帮助我生成相关单词〈Illuminate、Conclusive、Inevitable、Prerequisite、Ambiguous、Exacerbate、Proliferate、Tenacious、Exquisite、Resilient〉的表格(至少包含词性、中文定义、例句和短语搭配)。」

说明

学生可以随时向 AIGC 工具询问英语单词释义,获得即时反馈。AIGC 工具可以提供单词的准确释义,帮助学生理解单词的含义。这可以帮助学生提高英语阅读、写作能力。同时有助于提高学习效率,因为无需等待教师或同学的回应,就能立即解决疑惑。

示例

> 为了方便且更好地理解单词的相关释义,请你作为一名经验丰富的英语教科书编辑,帮助我生成相关单词 Illuminate、Conclusive、Inevitable、Prerequisite、Ambiguous、Exacerbate、Proliferate、Tenacious、Exquisite、Resilient 的表格(至少包含词性、中文定义、例句和短语搭配)。

当然, 我可以帮你生成这些单词的单词表。以下是这些单词的表格:

单词	词性	中文定义	例句	短语搭配
Illuminate	动词	阐明, 解释	The professor used diagrams to illuminate the complex concept.	Illuminate the issue, Illuminated manuscript
Conclusive	形容词	结论性的, 决定性的	The DNA evidence provided conclusive proof of the suspect's guilt.	Conclusive result, Conclusive argument
Inevitable	形容词	不可避免的, 必然发生的	Change is inevitable, and we must adapt to it.	Inevitable outcome, Inevitable consequence
Prerequisite	名词	先决条件, 必备条件	Completing the basic course is a prerequisite for the advanced class.	Prerequisite skill, Prerequisite knowledge
Ambiguous	形容词	模糊的, 不明确的	The instructions were ambiguous, causing confusion among the participants.	Ambiguous statement, Ambiguous response
Exacerbate	动词	使恶化, 使加剧	Ignoring the issue will only exacerbate the problem.	Exacerbate tension, Exacerbate a conflict
Proliferate	动词	激增, 扩散	Social media has allowed information to proliferate at an unprecedented rate.	Proliferate rapidly, Proliferate across the region
Tenacious	形容词	顽强的, 坚韧不拔的	The athlete's tenacious spirit helped him overcome numerous challenges.	Tenacious effort, Tenacious attitude
Exquisite	形容词	精致的, 优美的	The artist created an exquisite painting with intricate details.	Exquisite craftsmanship, Exquisite taste
Resilient	形容词	有弹性的, 能迅速恢复的	Despite facing setbacks, the community proved to be resilient and bounced back.	Resilient economy, Resilient spirit

1.1.3　创造英语例句

指令

例：「请你根据以下单词〈Ubiquitous、Meticulous、Deteriorate、Intrinsic、Discrepancy、Corroborate、Precarious、Exemplify、Condescend、Alleviate〉的词性生成相对应的例句，要求〈例句结构完整，并且在例句的后面附上中文表达〉。」

说明

采用这一方法，有助于学生养成系统地积累单词的良好习惯，进而深化对单词内涵的理解。使用 AIGC 工具造句不仅有助于增加词汇量，更能够提升在实际语境中灵活运用单词的能力。反复构建和运用单词，学生能够逐渐巩固这些单词，并在日常语言表达中更加自如地加以运用。此外，这种方法对于学习语法具有积极的作用。通过在句子构建过程中对语法规则的运用，学生能够逐步熟悉英语语法的基本规则。

示例①

请你根据以下单词 Ubiquitous、Meticulous、Deteriorate、Intrinsic、Discrepancy、Corroborate、Precarious、Exemplify、Condescend、Alleviate 的词性生成相对应的例句，要求例句结构完整，并且在例句的后面附上中文表达。

> 好的，以下是每个单词对应的例句和中文表达：
>
> 1. **Ubiquitous (形容词)**：
>   - Wireless internet has become so ubiquitous that you can find it in nearly every coffee shop and public space.
>   - 无线网络已经变得无处不在，几乎每个咖啡馆和公共场所都能找到。
>
> 2. **Meticulous (形容词)**：
>   - The scientist was meticulous in her experiments, ensuring every detail was recorded accurately.
>   - 这位科学家在实验中一丝不苟，确保每个细节都准确记录。
>
> 3. **Deteriorate (动词)**：
>   - Without proper maintenance, the building's structure began to deteriorate rapidly.
>   - 如果不进行适当的维护，建筑的结构会迅速恶化。
>
> 4. **Intrinsic (形容词)**：
>   - The intrinsic value of a diamond is not just in its physical properties but also in its rarity and demand.
>   - 钻石的内在价值不仅在于它的物理特性，还在于它的稀有性和需求。
>
> 5. **Discrepancy (名词)**：
>   - There was a noticeable discrepancy between the reported results and the actual data.
>   - 报告的结果和实际数据之间有明显的差异。

---

①由于篇幅限制，本书中 AIGC 工具的部分回答无法完整呈现，这不影响体现 AIGC 工具的特点。

1.1.4 对话模拟

指令

例:「假设我们现在在〈北京的街头〉,请你作为〈刚来中国的一名外国友人 Jack〉,询问我一些〈北京当地的风土人情〉。要求全程用英语对话,你来问,我来答。」

说明

采用对话模拟的方式可以使我们置身于相应的对话场景中。要使模拟的场景更加逼真,可以对场景的细节加以描述,也可以借助一些其他的 AIGC 工具定制对话场景。AIGC 工具可以作为语言学习助手,与我们进行对话。在输入指令的时候可以给 AIGC 工具取一个具体的名字。

示例

假设我们现在在在北京的街头,请你作为刚来中国的一名外国友人 Jack,询问我一些北京当地的风土人情。要求全程用英语对话,你来问,我来答。

Sure, let's get started!

Jack: Hi! I'm Jack, and I just arrived in Beijing. Could you tell me a bit about the local customs and traditions here?

Welcome to Beijing! There are so many unique aspects of Beijing culture. One of the most notable is the hutong, which are traditional narrow alleys and courtyard residences. They give you a glimpse of old Beijing life. You should also try Beijing opera, which is a traditional form of Chinese theatre with unique music, vocal performance, mime, dance, and acrobatics. And of course, you can't miss the local cuisine, especially Peking duck, which is world-famous for its crispy skin and delicious taste.

Jack: That sounds fascinating! I've heard a lot about the hutongs. Are there any particular hutongs you would recommend visiting for a first-timer like me? And where can I watch a good Beijing opera performance?

1.1.5　场景生成

指令

例：「请你帮我生成一幅图片,图片主要呈现:〈一个具有中国古典建筑风格的广场,广场上人群熙熙攘攘,人们身着各式各样的现代休闲服,有些人悠闲地散步,有些人则聚在一起,热烈地交谈着〉。采用现实风格,色彩要明亮。」

说明

借助 AIGC 工具创建虚拟场景,可以使学习更富趣味性和互动性。学生可与 AIGC 进行对话,模拟实际生活中的交流场景,从而更好地运用所学知识。需要注意的是,AIGC 在处理绘画细节方面,仍存在一些困难。例如,在绘制人物肖像时,AIGC 可能在面部特征、表情等细节上画得不够准确,有时会产生奇怪或失真的效果;在图片中的文字绘制上,对文字边缘处理往往不够自然,一定程度上会影响整体视觉效果。

示例

请你帮我生成一幅图片,图片主要呈现:一个具有中国古典建筑风格的广场,广场上人群熙熙攘攘,人们身着各式各样的现代休闲服,有些人在悠闲地散步,有些人则聚在一起,热烈地交谈着。采用现实风格,色彩要明亮。

1.1.6 语言翻译

指令

例:「请你将以下句子〈"今天天气很好,我打算和我的朋友们出去走一走,看看外面的风景,顺便吃一些美食,和大家一起聊聊天。"〉翻译成〈英语、阿拉伯语、德语〉。在翻译的过程中要符合相应国家语言表达的习惯,注意语句之间要有逻辑性。」

说明

AIGC 工具可以在跨文化交流中充当有益的工具,促使学生更好地理解和表达信息。利用 AIGC 工具将文本翻译成不同的语言,学生可以更轻松地与来自其他文化背景的人进行有效的交流。在让 AIGC 工具翻译时,提供足够的信息对于确保翻译的准确性和恰当性至关重要,特别是当涉及特定领域、专业术语或文化内涵时。

示例

请你将以下句子"今天天气很好,我打算和我的朋友们出去走一走,看看外面的风景,顺便吃一些美食,和大家一起聊聊天。"翻译成英语、阿拉伯语、德语。在翻译的过程中要符合相应国家语言表达的习惯,注意语句之间要有逻辑性。

英语翻译:

"Today's weather is very nice, and I plan to go out for a walk with my friends, enjoy the scenery, have some delicious food, and chat with everyone."

阿拉伯语翻译:

"اليوم الطقس جميل جدًا، وأنا أعتزم الخروج للتجول مع أصدقائي، والتمتع بالمناظر الطبيعية، وتناول بعض الطعام اللذيذ، والدردشة مع الجميع."

德语翻译:

"Heute ist das Wetter sehr schön, und ich plane, mit meinen Freunden spazieren zu gehen, die Landschaft zu genießen, etwas leckeres zu essen und mit allen zu plaudern."

1.1.7　加深语言记忆

指令

例:「请你帮我生成一幅图片,图片要体现〈"今天天气很好,天空飘着朵朵白云,阳光洒满大地。我打算和我的朋友们出去走一走,看看外面的风景,和大家一起聊聊天"〉的场景。采用写实风格。」

说明

也可将"1.1.6 语言翻译"中的句子放到 AIGC 绘图工具中,让其生成相应的语句图片。将语言翻译内容转化成图片,可使学生得到多感官的学习体验。这有助于加强记忆,加深学生对语言要素的感知和理解。视觉化的呈现方式使得抽象的语言概念更加具体,有助于学生更深层次地吸收和消化知识。

示例

请你帮我生成一幅图片,图片要体现"今天天气很好,天空飘着朵朵白云,阳光洒满大地。我打算和我的朋友们出去走一走,看看外面的风景,和大家一起聊聊天"的场景。采用写实风格。

1.1.8　语法、词汇练习

指令

例：「请你作为一名〈经验丰富的英语试卷编制者〉，帮我生成英语单选题、判断题和填空题各〈5〉题，来测试我的语法、词汇掌握情况，请注意我现在的英语水平是〈已经过了英语四级，打算考英语六级〉。」

说明

要给出清晰、明确的问题或任务描述，以使 AIGC 工具更好地理解你的需求，避免产生理解误差或模糊的回答。此外，最好提供你现在的语言水平和未来的目标，以便它针对你的语言水平制定个性化的试题。

示例

> 请你作为一名经验丰富的英语试卷编制者，帮我生成英语单选题、判断题和填空题各 5 题，来测试我的语法、词汇掌握情况，请注意我现在的英语水平是已经过了英语四级，打算考英语六级。
>
> 好的，以下是针对你准备英语六级考试的语法和词汇掌握情况的练习题：
>
> **单选题 (Multiple Choice Questions)**
>
> 1. Choose the correct word to complete the sentence:
>
>   - She refused to _____ to his demands.
>   A. comply
>   B. complain
>   C. complete
>   D. compel
>
> 2. Choose the correct form of the verb to complete the sentence:
>
>   - By the time we arrived, the film _____.
>   A. had started
>   B. has started
>   C. started
>   D. will start
>
> 3. Choose the correct preposition to complete the sentence:
>
>   - He is responsible _____ managing the team.
>   A. for
>   B. to
>   C. of
>   D. with
>
> 4. Choose the correct word to complete the sentence:
>
>   - The research paper was due _____ two weeks.
>   A. on
>   B. at
>   C. in
>   D. for

1.1.9　创意写作提示

指令

例：「我在英语写作中常会遇到〈创作困难、句式太简单〉的问题。请你作为一名〈具有多年教学经验的英语写作指导老师〉，帮我生成〈3〉个英文创意写作提示，我的英语写作主题是〈"How to share the joy"〉。」

说明

AIGC 工具可以为我们提供新颖的创意写作提示，帮助我们跳出思维定式，激发创造力，给我们提供新颖的角度和观点。在输入问题时应详尽地描述自己在写作中遇到的困难，并且要求 AIGC 工具充当相应的指导老师，让它帮你生成写作提示，最后将你要创作的主题告诉它。

示例

> 我在英语写作中常会遇到创作困难、句式太简单的问题。请你作为一名具有多年教学经验的英语写作指导老师，帮我生成 3 个英文创意写作提示，我的英语写作主题是"How to share the joy"。

Certainly! Here are three creative writing prompts to help you explore the theme of "How to share the joy" in your English writing:

1. **Unconventional Acts of Kindness:**
   Explore unique and unconventional ways to spread joy in your community or among your friends. Consider writing about surprising gestures, like leaving anonymous notes of encouragement in public spaces, creating a community art project that brings smiles, or organizing a flash mob with a positive message. Challenge yourself to think outside the box and find innovative ways to share joy.

2. **The Ripple Effect of Joy:**
   Imagine a scenario where a single act of kindness sets off a chain reaction, creating a ripple effect of joy. Start your writing with a small, seemingly insignificant gesture that leads to a series of positive events. Describe the impact on different individuals and how the initial joy spreads through various communities. This approach allows you to explore the interconnectedness of people and the profound influence one person can have on the happiness of many.

3. **Personal Joy Journals:**
   Encourage readers to keep joy journals as a way to document and share moments of happiness. Explore the concept of recording daily joys, whether big or small, and reflect on how this practice can enhance personal well-being. Consider incorporating storytelling elements, such as anecdotes and reflections, to make the writing more engaging. You can also explore the idea of creating a communal joy journal where people contribute their joyful experiences, fostering a sense of shared positivity.

Remember to infuse your writing with descriptive language, varied sentence structures, and vivid imagery to make your piece more engaging. Feel free to let your creativity flow, and enjoy the process of exploring the theme of sharing joy in your writing!

1.1.10 提供学习方法

指令

例：「我是一个〈内敛的学生，平时不敢和老师、同学讲话〉，并且在学习上〈容易感到倦怠，不能持之以恒〉。请你根据我的性格特征和学习障碍，帮我生成〈3〉个适合我的学习方法。」

说明

只有向 AIGC 工具提供你的性格特征和以往学习中遇到的困难，它才能提供合适的个性化学习方法。值得注意的是，避免在 AIGC 工具中输入敏感的个人信息，例如地址、电话号码或财务信息等。AIGC 工具是一个公共工具，不具备隐私保护功能。应确保在互联网上共享的信息符合隐私和安全标准。

示例

我是一个内敛的学生，平时不敢和老师、同学讲话，并且在学习上容易感到倦怠，不能持之以恒。请你根据我的性格特征和学习障碍，帮我生成 3 个适合我的学习方法。

理解自己的性格和学习障碍是迈向改变的第一步，很高兴你能提出这个问题。以下是三个适合内敛学生、能够提高学习积极性的方法：

1. **个人学习计划和目标设定：**

   - 制定一个详细的学习计划，将学科内容划分为小块，每天集中精力学习其中一块。这有助于分解庞大的学习任务，让你更容易掌握知识。
   - 设定短期和长期目标，确保它们是具体、可量化的。这样一来，你可以更容易监控自己的进度，同时完成小目标时会有成就感，激励你继续前进。

2. **利用技术工具辅助学习：**

   - 尝试使用学习应用、在线教程或虚拟学习平台。这些工具可以以互动的方式呈现学习内容，使学习变得更有趣。
   - 利用记笔记的应用，记录学习中的关键点和自己的思考。这不仅有助于强化记忆，还可以在后续复习时提供有力的支持。

3. **小组合作学习和提高交流能力：**

   - 寻找一两个志同道合的同学，组成小组进行学科讨论。这有助于你逐渐克服沉默的困扰，提高表达能力。
   - 在小组学习中，你可以更轻松地分享自己的见解，同时从他人那里获取新的学习观点。这种交流有助于激发学习的兴趣，提高学习动力。

记住，改变是一个渐进的过程，不要对自己设定过高的期望。逐步尝试这些方法，找到适合自己的方式，并逐渐建立学习的习惯。

1.1.11 推荐学习素材

指令

例：「我是一名〈大二的学生〉，我想学习〈"Environmental Sustainability"〉这个单元，但是没有相关的学习素材。请你帮我推荐〈5〉个合适的学习素材，要求既有线上的也有线下的，说出它们的优缺点，并阐述推荐的理由，最终以表格的形式呈现。」

说明

推荐的学习素材可能只是学习的一个起点，建议之后进行深入研究，查阅更多的资料，以建立更全面的知识体系。要确保所选的学习素材与你的个人学习目标相符。不同人有不同的学习需求和兴趣，因此选择适合自己的学习素材尤为重要。

示例

> 我是一名大二的学生，我想学习"Environmental Sustainability"这个单元，但是没有相关的学习素材。请你帮我推荐5个合适的学习素材，要求既有线上的也有线下的，说出它们的优缺点，并阐述推荐的理由，最终以表格的形式呈现。

> 以下是为大二学生推荐的关于"Environmental Sustainability"的学习资源，包括线上和线下材料，附上优缺点和推荐理由：
>
> | 资源类型 | 资源名称 | 优点 | 缺点 | 推荐理由 |
> |---|---|---|---|---|
> | 线上 | 学堂在线："环境保护与可持续发展" | 提供中文讲解，内容更新及时，互动性强 | 部分课程需付费，部分内容较为基础 | 适合初学者，系统学习环境可持续性基本概念 |
> | 线上 | 网易云课堂："可持续发展导论" | 免费课程，讲解清晰，适合基础学习 | 内容深度可能不足 | 适合打基础，了解可持续发展的基本框架 |
> | 线下 | 书籍："可持续发展的科学与政策" | 内容全面，系统性强 | 阅读时间较长，部分内容较为理论化 | 深入理解可持续发展的理论和政策 |
> | 线下 | 校内环保社团活动 | 直接参与实践活动，获得实践经验 | 活动参与机会有限，时间不定 | 实际参与，增强对可持续性问题的理解和关注 |
> | 线上 | B站："环保与可持续发展"相关视频 | 内容轻松有趣，易于理解 | 信息质量参差不齐，需要自行筛选 | 快速获取信息，适合视觉学习者 |
>
> 这些资源在中国均可方便获取，能够帮助你有效学习环境可持续性！

1.1.12　校阅英语语法

指令

例：「请你作为一名〈专业的英语等级考试评审专家〉，对我所提供的英语作文进行语法校阅，将其中的语法错误用粗体表示出来，并且给出修改意见和学习建议。〈添加英语作文〉」

说明

在校阅时，我们不能仅仅关注语法，还要考虑句子结构、逻辑关系和一致性等。有时语法错误可能是更深层次问题的表现。尽管 AIGC 工具可以提供有用的建议，但最终的语法校阅最好由人工进行。

示例

请你作为一名专业的英语等级考试评审专家，对我所提供的英语作文进行语法校阅，将其中的语法错误用粗体表示出来，并且给出修改意见和学习建议。

In today's fast-paced world, technology play a crucial role in our daily life. The internet, for example, have revolutionized the way we communicate and obtain information. However, the downside of this is the increasing problem of online addiction. Many people spend hours on social media, affect their productivity and mental health. In addition, the lack of face-to-face communication skills have become a major concern. Therefore, it's important to find a balance between the benefits of technology and its negative impacts. People should limit their screen time and focus on building meaningful connections in the real world.

"In today's fast-paced world, technology **plays** a crucial role in our daily life. The internet, for example, **has** revolutionized the way we communicate and obtain information. However, the downside of this is the increasing problem of online addiction. Many people spend hours on social media, **affecting** their productivity and mental health. In addition, the lack of face-to-face communication skills **has** become a major concern. Therefore, it's important to find a balance between the benefits of technology and its negative impacts. People should limit their screen time and focus on building meaningful connections in the real world."

Next steps for improvement:

1. **Verb agreement:** Ensure that the verb agrees with the subject in terms of number. In your original text, there were instances where the verb form did not match the subject.

2. **Use of "affect" vs. "effect":** The verb "affect" is used when something influences or produces a change, while "effect" is a noun denoting a change that occurred. In this context, "affecting" is the correct form.

3. **Verb tense consistency:** Maintain consistent verb tenses throughout the text. In your original text, there were shifts between present and past tense.

4. **Punctuation:** Ensure proper punctuation marks, such as commas and periods, are used to enhance the clarity of your sentences.

5. **Sentence structure:** Vary your sentence structure to make your writing more engaging. Consider combining sentences or using different sentence beginnings.

Overall, your essay addresses a relevant topic and presents a clear argument. Paying attention to these details will help improve the overall quality of your writing. Additionally, consider expanding on specific examples and providing more details to support your points. Keep practicing and reviewing grammar rules to enhance your English writing skills further.

1.1.13 修订英语作文

指令

例：「请你作为一名〈具有多年教学经验的英语教师〉,对我的英语作文进行修订,要指出错误的地方、错误的原因、如何修订、如何写得更加有深度等,并且将这些内容以表格的形式呈现。〈添加英语作文〉」

说明

要确保修订后的文本在结构上清晰,逻辑上连贯。AIGC 工具可能会提供重新组织句子或段落的建议,你需要谨慎考虑这些建议是否有助于提高文本的清晰度和逻辑性。AIGC 工具也可能提供一些写作过程中的技巧,例如如何更好地进行编辑,避免重复,提高逻辑清晰度等。

示例

请你作为一名具有多年教学经验的英语教师,对我的英语作文进行修订,要指出错误的地方、错误的原因、如何修订、如何写得更加有深度等,并且将这些内容以表格的形式呈现。

In today's rapidly advancing world, technology play a crucial role in shaping the way we live and interact with others. It have brought about significant changes that affect various aspects of our daily lives.

One of the most obvious effects is the way we communicate. With the advent of smartphones and social media, people can easily connect with each other regardless of geographical barriers. This have led to a more interconnected world where information and ideas can be shared instantaneously. However, there are also drawbacks that accompany these technological advancements. For example, the over-reliance on electronic devices have resulted in a decline in face-to-face communication skills. Many people find it difficult to engage in meaningful conversations without the aid of screens and keyboards.

Moreover, the increasing use of arTIFicial intelligence poses a threat to job security. As machines become more sophisticated, there is a risk that many traditional jobs will be replace by automation. This have serious implications for the economy and the job market.

In addition, the issue of privacy have become a major concern. The constant collection of data by tech companies raise questions about how our personal information is used and shared. This can have far-reaching consequences on our rights and freedoms.

In conclusion, while technology have brought about many positive changes, it also come with its fair share of challenges. It is important for society to carefully navigate the impact of technology and find a balance between the benefits and drawbacks it brings. Only then can we fully harness the potential of technology for the betterment of humanity.

Sure, I'd be happy to help you revise your essay. Let's organize the feedback into a table format:

Error Type	Error Reason	Revision Suggestion	Depth Improvement
1. Verb Agreement	"technology play" should be "technology plays"	"technology plays a crucial role"	Discuss specific examples of technology's impact
2. Subject-Verb Agreement	"it have brought" should be "it has brought"	"it has brought about significant changes"	Discuss the changes in more detail
3. Word Choice	"have led" should be "has led"	"has led to a more interconnected world"	Explore the consequences of interconnectedness
4. Sentence Structure	Awkward phrasing in "With the advent of smartphones and social media"	"The advent of smartphones and social media has facilitated easy connections"	Elaborate on the impact of smartphones and social media
5. Punctuation	Comma usage in "technology, and find a balance"	Remove the comma after "technology"	Clarify the relationship between technology and balance
6. Verb Tense Consistency	"have resulted" should be "has resulted"	"have resulted in a decline"	Discuss the decline in face-to-face communication skills
7. Parallel Structure	"replace by automation" should be "replaced by automation"	"traditional jobs will be replaced by automation"	Discuss the impact of artificial intelligence on jobs
8. Article Usage	"the issue of privacy have become" should be "the issue of privacy has become"	"the issue of privacy has become a major concern"	Explore the concerns regarding data collection

1.1.14　生成作文评分准则

指令

例:「为了更好、更全面地对英语作文进行自我评价、同伴评价或者小组评价,请你作为一名〈具有多年编撰英语试卷经验的出题专家〉,生成一个英语作文评分的准则。该准则要包含〈5〉个维度,囊括的内容要全面,层层深入。各维度之间逻辑衔接紧密,还要有每个维度的具体分值,总分是〈100〉分。」

说明

AIGC 工具可以生成写作准则样本,帮助学生了解写作的结构、语法和表达方式。通过观察生成的作文评分标准,学生可以更好地理解何为高质量的写作,以及如何满足特定评分标准。此外,值得注意的是,要向 AIGC 工具提供具体而详细的评分要点,以便 AIGC 工具了解何种内容会被评价,哪些方面是重要的,避免过于抽象或泛泛的描述。

示例

为了更好、更全面地对英语作文进行自我评价、同伴评价或者小组评价,请你作为一名具有多年编撰英语试卷经验的出题专家,生成一个英语作文评分的准则。该准则要包含 5 个维度,囊括的内容要全面,层层深入。各维度之间逻辑衔接紧密,还要有每个维度的具体分值,总分是 100 分。

评价英语作文需要考虑多个维度,确保全面而深入地了解学生的语言能力和表达水平。以下是一个包含5个维度的英语作文评分准则,每个维度都涵盖了多个方面,总分为100分:

1. 内容与主题发展(25分)

- 主题明确度(5分): 评估文章是否有明确的主题,主旨是否清晰。
- 内容深度(8分): 考察作者对主题的深度挖掘,是否有足够的事实、细节和论据。
- 论证逻辑(7分): 评估作者的论证逻辑是否紧密,是否能够合理连接各个观点和段落。
- 观点独特性(5分): 考察作者对主题的独特见解,是否有独到之处。

2. 语言运用与表达(25分)

- 词汇丰富度(7分): 评估作者在表达中是否使用了丰富多彩的词汇,是否准确贴切。
- 语法准确性(8分): 考察文章中的语法使用是否正确,包括句子结构和时态使用。
- 语言流畅度(6分): 评估作者的表达是否自然、流畅,是否能够吸引读者。
- 句式多样性(4分): 考察作者是否运用了多样的句式,是否能够展示一定的语言功底。

3. 文章结构与组织(20分)

- 段落划分(5分): 评估文章的段落是否合理,是否有清晰的过渡。
- 开头和结尾(7分): 考察文章的开头和结尾是否引人入胜,是否能够很好地总结主旨。
- 文中连接词使用(5分): 评估作者是否巧妙使用连接词,使文章层次分明,逻辑紧凑。
- 信息组织合理性(3分): 考察文章中信息的组织是否合理,是否易于理解。

4. 文化意识与跨学科能力(15分)

- 文化背景运用(5分): 考察作者是否能够巧妙地运用文化背景,使文章更具深度。
- 跨学科思维(6分): 评估作者是否能够涉及不同学科领域,展示综合性思考能力。
- 全球视野(4分): 考察作者是否具备全球视野,对国际事务一定的了解和思考。

5. 语篇规范性与规范语言(15分)

- 拼写与标点(5分): 评估文章中拼写和标点的准确性。
- 格式规范(4分): 考察文章是否符合一定的格式要求,如段落缩进、行距等。
- 语篇规范性(6分): 评估语言是否得体、得体,是否符合学术或正式写作的规范。

总分: 100分

通过以上维度的评分,可以更全面地了解学生在英语作文中的表现,为他们提供有针对性的反馈和指导。

1.1.15 作文评分

指令

例：「请你生成一个英语作文评分标准，满分是〈100〉分。并按照评分细则对以下英语作文进行评分，在每个评分的后面附上原因和写作建议。〈添加英语作文〉」

说明

在开始评分之前，应确保你有清晰的评分标准，明确规定分数范围和每个分数所代表的含义，这样可以确保评分的一致性和客观性。虽然 AIGC 工具可以自动评分，但最好将其作为辅助工具，而不是替代人工。

示例

请你生成一个英语作文评分标准，满分是 100 分。并按照评分细则对以下英语作文进行评分，在每个评分的后面附上原因和写作建议。

The global phenomenon of an aging population is posing mulTIFaceted challenges to societies worldwide. As life expectancy increases and birth rates decline, the proportion of elderly individuals is on the rise, bringing about complex issues that demand thoughtful consideration and effective solutions.

One notable challenge is the strain on healthcare systems. Aging individuals often require increased medical attention and long-term care, placing a burden on existing healthcare infrastructure. This surge in demand necessitates the development of comprehensive elder care strategies to ensure the well-being of the elderly and the sustainability of healthcare services.

Furthermore, the economic implications of an aging population are profound. A larger proportion of retirees can strain pension systems, leading to financial challenges for governments and potential economic imbalances. Addressing this issue requires innovative approaches, such as reforms in pension systems, retirement planning initiatives, and the fostering of intergenerational cooperation to ensure economic stability amid changing demographics.

English Essay Grading Rubric: Aging Population Challenges

Criteria: Content and Ideas (40 points)

1. **Thesis and Purpose (10 points):**

   - **Score: 8/10**

     - The essay has a clear thesis regarding the challenges of an aging population, but it could be more explicitly stated. The purpose is generally evident, but a stronger articulation of the essay's main point would enhance clarity.

   - **Writing Advice:**

     - Refine and restate the thesis to make it more explicit, ensuring that it clearly outlines the main argument of the essay.

2. **Development of Ideas (15 points):**

   - **Score: 12/15**

     - The essay explores the challenges of an aging population, emphasizing healthcare and economic aspects. However, some ideas lack depth, and the exploration of economic implications could be more detailed.

   - **Writing Advice:**

     - Develop each point more thoroughly, providing specific examples or evidence to support the discussion. Elaborate on economic implications with more depth and nuance.

3. **Organization and Coherence (15 points):**

   - **Score: 13/15**

1.1.16　改写文本

指令

例：「请你作为一名〈学生会优秀干部〉，帮我把以下〈采访内容〉改写成一份〈由学生工作处发出的通报表扬〉通知，〈时间为 2023 年 12 月 18 日〉，要求内容〈简洁，积极向上，弘扬正能量〉。〈添加采访内容〉」

说明

要明确改写文本的目的，例如简化语言、提高专业性等。要注意改写后的文本与原文在语气和风格上保持一致。这对于保持文本的原始意图和情感非常重要。

示例

请你作为一名学生会优秀干部，帮我把以下采访内容改写成一份由学生工作处发出的通报表扬通知，时间为 2023 年 12 月 18 日，要求内容简洁，积极向上，弘扬正能量。

记者：你好，我是学校新闻社的记者，今天有幸采访到李雷同学。听说你最近帮助了受伤的同学，能告诉我们发生了什么吗？

李雷：嗨，你好！是的，那是一天放学后，听到同学受伤的尖叫声，我赶紧去看，发现有同学摔倒了。虽然我没有专业经验，但之前参加过急救培训。

记者：听起来你反应很迅速。你还有其他类似的帮助同学的经历吗？

李雷：是的，学校氛围比较好，大家经常互相帮助。我也常参加社区服务活动，做一些志愿者工作，觉得这样既能帮助别人，也有助于个人成长。

记者：最后，这次经历对你有什么影响吗？

李雷：让我意识到帮助他人的重要性，也深化了对急救知识的理解。希望未来能更好地应对类似情况。

记者：感谢分享，李雷同学！祝你在学业和社区服务中取得更多成就。

⊕　学生工作处通报表扬

日期：2023年12月18日

亲爱的同学们：

我们欣喜地向大家通报一则令人振奋的消息。近日，我校李雷同学在学校发生突发事件时展现出色的担当和积极向上的精神，彰显了我校学子的良好品质。

李雷同学在一天放学后听到同学受伤的呼救声后，立即迅速行动，发挥了他之前参加过急救培训的经验，主动前往现场。尽管没有专业医疗经验，但他决定帮忙将受伤同学送往医务室。这种积极的帮助行为展示了李雷同学对他人的关心和责任心。

值得一提的是，李雷同学并非首次展现出对同学的关心和帮助之举。在学校团结友爱的氛围中，他常常参与社区服务活动，担任志愿者，为社会贡献自己的一份力量。这种正能量的行为不仅体现了个人的成长与进步，也为校园文化注入了强大的正面力量。

通过这次经历，李雷同学深刻认识到帮助他人的重要性，对急救知识有了更加深刻的理解。我们对他的这种积极向上的品质表示由衷的赞扬，并期待他未来能在学业和社区服务中取得更多的成就。

让我们共同为这样一位出色的学子点赞，激励更多同学传承正能量，为营造和谐向上的校园氛围共同努力！

学生工作处 敬上

1.1.17 纠正语法和拼写错误

指令

例：「我的〈英语四级分数是 452 分〉，接下来要〈准备英语期末考试和英语六级考试〉。但是我的英语写作分数很低，请你作为我的〈语言学伴〉，帮助我克服英语写作困难。请对我的英语作文进行语法、拼写错误纠正，改正的地方用粗体标注，并针对我目前的英语写作问题指出我接下来应该在哪方面继续努力。〈添加英语作文〉」

说明

AIGC 工具可以帮助学生识别和纠正英语文章中的语法和拼写错误，语法错误包括句法结构、主谓一致性、时态等方面的问题。这有助于提高写作的质量，使表达更准确和流畅。此外，AIGC 工具还能检测文章的逻辑结构，指出段落之间的连贯性问题。如果发现某段文字的逻辑不清或论证不够充分，AIGC 工具会提供修改建议。

示例

我的英语四级分数是 452 分，接下来要准备英语期末考试和英语六级考试。但是我的英语写作分数很低，请你作为我的语言学伴，帮助我克服英语写作困难。请对我的英语作文进行语法、拼写错误纠正，改正的地方用粗体标注，并针对我目前的英语写作问题指出我接下来应该在哪方面继续努力。

In the contemporary society, the utilization of arTIFicial intelligence (AIGC) tools has become increasingly prevalent, fostering both admiration and apprehension. Advocates argue that AIGC can significantly enhance efficiency and convenience in various domains, whereas skeptics express concerns regarding potential job displacement and ethical implications. Striking a balance between embracing AIGC advancements and addressing associated challenges is paramount. It is crucial for policymakers to implement stringent regulations to safeguard privacy and prevent misuse. Furthermore, fostering public awareness and education can empower individuals to make informed decisions about AIGC usage. Ultimately, a judicious approach to incorporating AIGC into our lives ensures a harmonious coexistence between technology and humanity.

"In the contemporary society, the utilization of artificial intelligence (AI) tools has become **increasingly** prevalent, fostering both admiration and apprehension. Advocates argue that AI can significantly enhance efficiency and convenience in various domains, whereas skeptics express concerns regarding potential job displacement and ethical implications. Striking a balance between embracing AI advancements and addressing associated challenges is paramount. It is crucial for policymakers to implement **stringent** regulations to safeguard privacy and prevent misuse. Furthermore, fostering public awareness and education can empower individuals to make informed decisions about AI usage. Ultimately, a judicious approach to incorporating AI into our lives ensures a harmonious coexistence between technology and humanity."

Feedback:

1. The word "increasingly" is a better fit to convey the idea of growing prevalence.

2. "Stringent" is a more precise term to emphasize the strictness of regulations.

Areas for improvement and suggestions for overcoming writing difficulties:

1. **Vocabulary Enhancement:** Continue to expand your vocabulary to express ideas more precisely. This can be achieved by reading diverse materials, including articles, essays, and literature.

2. **Sentence Structure:** Work on varying sentence structures to make your writing more engaging. This can involve using a mix of simple, compound, and complex sentences.

3. **Idiomatic Expressions:** Incorporate more idiomatic expressions to make your writing sound more natural and fluent. This can be achieved through exposure to authentic English materials and practicing in context.

4. **Grammar and Syntax:** Focus on refining your understanding of grammar rules and sentence syntax. This will contribute to clearer communication and more polished writing.

1.2　学科知识与能力发展

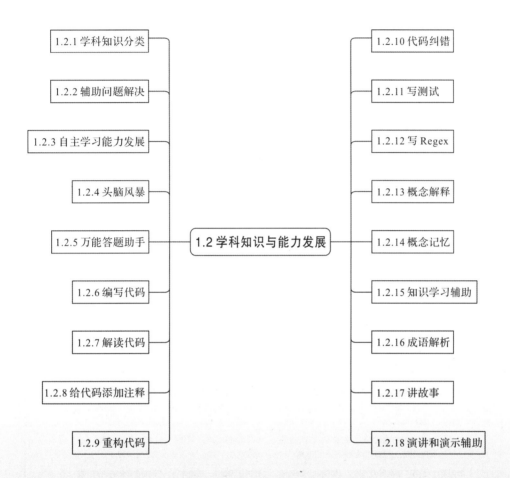

1.2.1 学科知识分类

指令

例：「我是一名〈大学二年级的学生〉，我的专业是〈汉语言文学〉，但是我对〈生物学中的"基因"概念〉很感兴趣。然而我对〈"基因"〉的概念感到困惑，不能很好地理解它。我知道〈"基因"与"DNA"有关〉，但我不确定〈它们之间的确切关系〉，也不了解〈它们在生物学中的作用〉。我想更深入地了解〈基因是如何工作的，它们如何影响生物体的生长发育和功能〉。请你给出详尽的概念解释和知识点分类，并以表格的形式呈现。」

说明

如果掌握的学科知识较少，例如不知道特定概念的含义，就会降低学习的效率。在这种情况下，AIGC 工具可以帮助学生对相关的学科知识进行总结、分类，从而使学生了解学科知识的组成和学科知识之间的关联。

示例

> 我是一名大学二年级的学生，我的专业是汉语言文学，但是我对生物学中的"基因"很感兴趣。然而我对"基因"的概念感到困惑，不能很好地理解它。我知道"基因"与"DNA"有关，但我不确定它们之间的确切关系，也不了解它们在生物学中的作用。我想更深入地了解基因是如何工作的，它们如何影响生物体的生长发育和功能。请你给出详尽的概念解释和知识点分类，并以表格的形式呈现。
>
> 当谈到基因、DNA以及它们在生物学中的作用时，涉及到许多复杂的概念。下面是一个简单的表格，以帮助你更好地理解它们之间的关系和基本概念。
>
> | 概念 | 解释 | 关系 | 生物学作用 |
> | --- | --- | --- | --- |
> | DNA | 脱氧核糖核酸，是构成生物体遗传信息的分子，由两条螺旋状链组成，包含遗传信息 | 是基因的物质基础，携带生物体的遗传信息。 | 存储、传递遗传信息，编码生物体的结构和功能。 |
> | 基因 | DNA上的特定序列，是生物体遗传信息的功能单位，编码特定的蛋白质或RNA。 | 是DNA的一部分，携带特定的遗传信息。 | 决定生物体的性状，调控生命过程。 |
> | 基因表达 | 过程，包括基因的转录（将DNA信息转成RNA）和翻译（将RNA信息翻译成蛋白质）。 | 通过基因表达，生物体利用DNA信息合成蛋白质。 | 控制生物体的生长、发育和功能。 |
> | 基因突变 | 基因序列发生变化，可能导致蛋白质结构或功能的改变。 | 可能是自然演化的驱动力，也可能是疾病的原因。 | 在演化中引入新的特征，也可能导致疾病。 |
> | 基因组 | 生物体的所有基因的集合，包括所有DNA序列。 | 描述生物体整体的遗传信息。 | 影响生物体的整体结构和功能。 |
> | 遗传变异 | 基因和基因组中的差异，可以通过性状传递给后代。 | 是生物多样性的基础。 | 产生适应性，推动物种演化。 |
>
> 希望这个表格能够帮助你更好地理解基因、DNA及其在生物学中的作用。如果有进一步的问题，欢迎提出。

1.2.2　辅助问题解决

指令

例：「我是一名〈大学二年级的学生〉，我对于〈复变函数中的柯西-黎曼方程的几何意义〉感到困惑。请你给出运用这个方程的具体步骤和每个步骤需要注意的事项，帮助我更好地理解和学习。」

说明

学生遇到的问题有可能是学习上的，也有可能是生活上的。在使用 AIGC 工具辅助解决问题的时候要明确问题内容，这是确保获取准确和有针对性答案的重要一环。不仅要清晰地表达问题，还要通过提供额外的要求指令来指导 AIGC 工具生成更具深度和适用性的回答。

示例

我是一名大学二年级的学生，我对于复变函数中的柯西-黎曼方程的几何意义感到困惑。请你给出运用这个方程的具体步骤和每个步骤需要注意的事项，帮助我更好地理解和学习。

复变函数理论中的柯西-黎曼方程是非常重要的概念，它关联了复函数的实部和虚部与函数的解析性质。下面是一些步骤和注意事项，帮助你更好地理解和学习柯西-黎曼方程的几何意义：

步骤：

1. 复数表示：

柯西-黎曼方程通常在复平面上表示。复数可以写成 $z = x + iy$ 的形式，其中 x 是实部，y 是虚部。

2. 函数表示：

考虑一个复变函数 $f(z) = u(x, y) + iv(x, y)$，其中 u 是 f 的实部，v 是虚部。

3. 求偏导数：

计算 u 和 v 对 x 和 y 的偏导数，即 u_x, u_y, v_x, v_y。

4. 设置柯西-黎曼方程：

柯西-黎曼方程有两个部分：

a. $u_x = v_y$（实部的 x 偏导数等于虚部的 y 偏导数）

b. $u_y = -v_x$（实部的 y 偏导数等于虚部的 x 偏导数）

5. 解方程：

解上述方程，得到关于 u 和 v 的条件。

注意事项：

1. 几何解释：

- 实部和虚部分别表示复平面上的 x 和 y 坐标。
- 实部和虚部的偏导数表示函数在复平面上的变化率。

1.2.3 自主学习能力发展

指令

(1)「我不太理解〈CNN〉，也不知道它在〈深度学习〉中的作用。请详细解释一下其主要概念。」

(2)「〈CNN与传统神经网络有什么区别?〉你可以推荐一些优质的学习资源给我吗？」

说明

交互式问答可以促进学生自主学习能力的提升。AIGC工具可以帮助学生建立对某一概念或学科知识的深刻理解，并提供学习资料和实践建议，使其能够更好地自主学习。可以根据不同学科和学习目标对提问进行调整和扩展。

示例

(1)我不太理解CNN，也不知道它在深度学习中的作用。请详细解释一下其主要概念。

卷积神经网络（Convolutional Neural Network，简称CNN）是一种深度学习模型，专门用于处理和识别具有网格状结构的数据，例如图像。CNN的设计灵感来源于生物学中视觉系统的工作原理，它在计算机视觉领域取得了许多成功。

下面是CNN的主要概念:

1. **卷积层（Convolutional Layer）**：卷积是CNN的核心操作。卷积层通过在输入数据上滑动一个小的窗口（卷积核）来提取局部特征。这有助于捕捉输入中的空间关系，例如边缘、纹理等。卷积操作减少了参数的数量，使得模型更具有效性。

2. **池化层（Pooling Layer）**：池化操作用于降低特征图的空间维度，减小计算负担，同时保留重要信息。最常见的池化操作是

(2)CNN与传统神经网络有什么区别？你可以推荐一些优质的学习资源给我吗？

CNN与传统神经网络（全连接神经网络）主要有以下区别:

1. **局部连接与权重共享**：在CNN中，卷积层使用的卷积核是局部连接的，即每个神经元只与输入数据的一小部分相连接，而不是与整个输入层相连接。此外，卷积核的参数是共享的，这意味着同一个卷积核用于整个输入数据，有助于提取通用的特征。这种局部连接和权重共享有效地减少了参数数量，降低了计算复杂度。

1.2.4 头脑风暴

指令

(1)「请你作为我的小伙伴,与我一起进行头脑风暴。我会提供给你一定的主题, 我们就某个主题展开讨论,如果你同意,就回答"OK",我将提供给你第一个主题。」

(2)「〈提供要进行头脑风暴的主题〉」

说明

头脑风暴(brainstorming)是一种团队合作的创新技术,旨在通过集体讨论和产生创造性的想法来解决问题、生成新概念或推动创新。在借助 AIGC 工具作为头脑风暴中的一员之外,也可以使用一些专门用于头脑风暴的创新工具或方法,如思维导图、卡片排序、六思维帽等,以增加思考的多样性和深度。

示例

---

(1)请你作为我的小伙伴,与我一起进行头脑风暴,我会提供给你一定的主题,我们就某个主题展开讨论,如果你同意,就回答"OK",我将提供给你第一个主题。

> OK,我很乐意与你一起进行头脑风暴!请告诉我第一个主题。

---

(2)"创新教育方法"。

> OK,让我们一起探讨创新的教育方法。在这个主题下,我们可以考虑以下几个方面:
>
> 1. **个性化学习**:如何利用技术和数据分析,为每个学生设计个性化的学习路径,以满足他们的独特需求和学习风格?
>
> 2. **游戏化教育**:如何将游戏元素融入教育过程,以增加学生的参与度和兴趣,同时促进知识的消化和理解?
>
> 3. **虚拟现实(VR)和增强现实(AR)**:这些技术如何用于教育,创造更具沉浸感的学习体验?可以想象学生通过虚拟实验室进行科学实验或者通过虚拟旅行了解历史地理。
>
> 4. **社交化学习**:如何借助在线平台和社交媒体,促进学生之间的合作和交流,从而拓展他们的视野和理解?
>
> 5. **实践导向教育**:强调实际应用和解决问题的能力,而不仅仅是记忆和理论。这可能包括实地考察、实习机会和与行业合作的项目。
>
> 6. **跨学科教育**:如何打破传统学科的壁垒,推动跨学科的教学方法,使学生能够综合运用不同领域的知识解决复杂问题?
>
> 你对以上哪个方面感兴趣,或者有其他想法想要深入探讨吗?

1.2.5 万能答题助手

指令

例：「我在进行一项〈跨学科研究〉，旨在〈探讨可持续城市发展〉。本研究涉及〈城市规划、环境科学和社会学等多个学科领域〉。请你充当我的〈答题助手〉，为我解决研究过程中遇到的问题。〈提供相应的问题〉」

说明

AIGC工具能够对跨学科或者涉及多学科融合的难题给出答案，但是在一些专业领域，特别是医学、法律等，还是需要咨询专业人士，AIGC工具的回答只能参考，不能照搬。

示例

我在进行一项跨学科研究，旨在探讨可持续城市发展。本研究涉及城市规划、环境科学和社会学等多个学科领域。请你充当我的答题助手，为我解决研究过程中遇到的问题。

"你认为可持续城市发展理念在现实中的应用面临哪些挑战？"

可持续城市发展理念在现实中应用面临多方面的挑战，涉及到城市规划、环境科学、社会学等多个层面。以下是一些可能的挑战：

1. **城市规划与发展压力：**

   - 城市人口增长、城市扩张和经济发展压力可能导致城市规划不足以满足可持续发展目标。快速城市化可能引起不合理的土地使用和资源配置。

2. **社会与经济不平等：**

   - 实施可持续城市发展可能会导致社会和经济的不平等。例如，有些社区可能更容易获得可持续发展项目的好处，而其他社区可能被边缘化。

3. **基础设施和技术限制：**

   - 一些城市可能面临基础设施和技术的不足，阻碍了可持续发展的实施。例如，可再生能源技术的可行性、智能城市基础设施等都可能面临挑战。

4. **政策和法规不足：**

   - 缺乏支持可持续发展的有效政策和法规可能成为问题。政府需要采取积极的政策措施，以鼓励和规范城市发展。

5. **社会认知和文化障碍：**

   - 人们对可持续城市发展的认知和文化观念可能会阻碍其实施。提高公众对可持续发展的认知和参与是至关重要的。

1.2.6　编写代码

指令

例:「我是一名〈自动化专业的学生〉,我想请你帮我生成一个初步的代码,要求〈做一个简易的闹钟,蜂鸣器每隔 30 分钟自动响起,响声的持续时间为 3 秒〉,编写代码的软件平台是〈C 语言〉。」

说明

AIGC 工具可以帮助学生理解编程语言的基础概念、语法和结构。通过向 AIGC 工具提出关于编程语言的问题,可获得有关代码编写的建议。AIGC 工具可能会根据你的要求生成不正确的代码,因此在使用 AIGC 工具生成的代码之前,务必进行仔细检查和调试,确保代码符合预期。

示例

我是一名自动化专业的学生,我想请你帮我生成一个初步的代码,要求做一个简易的闹钟,蜂鸣器每隔 30 分钟自动响起,响声的持续时间为 3 秒,编写代码的软件平台是 C 语言。

> 当然可以帮你生成一个简单的C语言代码来实现这个功能。请注意, 实际使用中可能需要考虑更多的细节, 比如程序运行的环境、蜂鸣器的接口等。

```c
#include <stdio.h>
#include <stdlib.h>
#include <unistd.h>
#include <wiringPi.h>

#define BEEP_PIN 1 // 根据实际连接修改

void setup() {
    wiringPiSetup(); // 初始化wiringPi库
    pinMode(BEEP_PIN, OUTPUT); // 设置蜂鸣器引脚为输出模式
}

void beep() {
    digitalWrite(BEEP_PIN, HIGH); // 将蜂鸣器引脚电平设为高, 发出蜂鸣声
    delay(3000); // 持续3秒
    digitalWrite(BEEP_PIN, LOW); // 将蜂鸣器引脚电平设为低, 停止蜂鸣
}

int main() {
    setup(); // 初始化

    while (1) {
        beep(); // 蜂鸣器响铃
        sleep(30 * 60); // 等待30分钟
    }

    return 0;
}
```

1.2.7 解读代码

指令

例：「请你以一名〈具有多年实践经验的程序员〉的身份，对我提供的〈Python〉代码进行深入解读。请注意：评估代码的结构和组织，确保其有清晰的模块划分和函数定义，检查变量、函数和类的命名是否符合 Python 的 PEP 8 规范，仔细研究代码中的算法和逻辑，检查异常处理机制，对可能的错误进行适当处理。〈提供相应的代码〉」

说明

AIGC 工具可能会受到输入的语法和术语的影响。要确保你的问题和代码使用了清晰、规范的语法和术语，以避免 AIGC 工具混淆。也可以将 AIGC 工具作为计算机教师、同学等，以便其从不同角度对代码进行解读。

示例

请你以一名具有多年实践经验的程序员的身份，对我提供的 Python 代码进行深入解读。请注意：评估代码的结构和组织，确保其有清晰的模块划分和函数定义，检查变量、函数和类的命名是否符合 Python 的 PEP 8 规范，仔细研究代码中的算法和逻辑，检查异常处理机制，对可能的错误进行适当处理。

```python
import random

def guess_the_number():
    target_number = random.randint(1, 100)
    attempts = 0
    print("欢迎参加猜数字游戏!")
    print("我已经选好了一个 1 到 100 之间的数字，请开始猜测。")
    while True:
        user_guess = int(input("你的猜测是:"))
        attempts += 1
        if user_guess == target_number:
            print(f"恭喜你，猜对了! 你用了 {attempts} 次猜测。")
            break
        elif user_guess < target_number:
            print("太小了，请继续猜测。")
        else:
            print("太大了，请继续猜测。")

if __name__ == "__main__":
    guess_the_number()
```

以下是对提供的Python代码的深入解读：

1. **模块划分和函数定义：**
   - 代码中只有一个主函数 `guess_the_number`，该函数包含了整个程序的逻辑。在小规模的程序中，这样的设计可能是合理的，但对于更大的项目，考虑将功能划分为更小的函数或模块可能会更有利于代码的维护和可读性。

2. **命名规范：**
   - 函数名 `guess_the_number` 符合命名规范，采用小写字母和下划线的形式。
   - 变量名 `target_number` 和 `attempts` 也比较清晰，并符合命名规范。
   - 对于 `user_guess`，也符合规范，但可能可以更清晰地表示用户的输入，例如 `user_input`。

3. **PEP 8 规范：**
   - 代码整体上符合PEP 8规范，包括缩进、空格、空行等。

4. **算法和逻辑：**
   - 代码使用了 `random.randint(1, 100)` 生成一个1到100之间的随机整数作为目标数字。
   - 通过 `while True` 循环，用户可以多次尝试猜测数字，直到猜中为止。
   - 使用 `if-elif-else` 结构来判断用户的猜测与目标数字的大小关系，并给出相应的提示信息。

5. **异常处理：**
   - 代码没有处理用户可能输入非整数的情况，如果用户输入非整数，会导致 `int(input("你的猜测是:"))` 行抛出 `ValueError` 异常。可以通过使用 `try-except` 结构来捕获并处理这种异常，以提供更友好的错误信息。

1.2.8 给代码添加注释

指令

例:「请你作为一名〈具有多年教学经验的计算机教师〉,帮我对以下由〈Python〉编写的代码进行深入解读,包括在关键代码块上添加注释,解释每一步的逻辑和目的,对代码中使用的变量和数据结构进行注释,说明其用途和存储内容。如果代码包含函数,请为每个函数添加注释,描述函数的作用、参数含义以及返回值,在代码中添加一些示例和应用场景的注释。〈提供相应的代码〉」

说明

注释可对代码进行概述,解释代码的目的和主要功能。特别是对于一些复杂难懂的代码,AIGC 工具可以迅速给出代码注释,帮助学生更好地学习和理解项目的结构、设计和实现。

示例

请你作为一名具有多年教学经验的计算机教师,帮我对以下由 Python 编写的代码进行深入解读,包括在关键代码块上添加注释,解释每一步的逻辑和目的,对代码中使用的变量和数据结构进行注释,说明其用途和存储内容。如果代码包含函数,请为每个函数添加注释,描述函数的作用、参数含义以及返回值,在代码中添加一些示例和应用场景的注释。

```python
def encrypt_decrypt(text, key):
    result = ""
    for i in range(len(text)):
        char = text[i]
        key_char = key[i % len(key)]
        result += chr(ord(char) ^ ord(key_char))
    return result

if __name__ == "__main__":
    message = "Hello, World!"
    encryption_key = "key123"

    encrypted_message = encrypt_decrypt(message, encryption_key)
    print("加密后的消息:", encrypted_message)

    decrypted_message = encrypt_decrypt(encrypted_message, encryption_key)
    print("解密后的消息:", decrypted_message)
```

这段代码实现了一个简单的异或运算加密和解密算法。下面我将对代码的每一部分进行注释解释。

```python
def encrypt_decrypt(text, key):
    result = ""
    for i in range(len(text)):
        char = text[i]                                # 获取明文中的每个字符
        key_char = key[i % len(key)]                  # 获取密钥中的字符,循环使用密钥中的字符
        result += chr(ord(char) ^ ord(key_char))      # 对明文字符和密钥字符进行异或运算,并将结果
    return result                                     # 返回加密或解密后的结果

if __name__ == "__main__":
    message = "Hello, World!"                         # 待加密的消息
    encryption_key = "key123"                         # 加密密钥

    encrypted_message = encrypt_decrypt(message, encryption_key)   # 调用加密函数
    print("加密后的消息:", encrypted_message)

    decrypted_message = encrypt_decrypt(encrypted_message, encryption_key)   # 调用解密函数
    print("解密后的消息:", decrypted_message)
```

注释解释:

1. `encrypt_decrypt` 函数接受两个参数: `text` 表示要加密或解密的文本, `key` 表示用于加密或解密的密钥。

2. 在函数中,通过循环遍历明文 (或密文) 的每个字符,取出明文字符和对应位置的密钥字符,然后对它们进行异或运算。

3. 异或运算 (XOR) 是一种位运算,当两个对应位不同结果为1,相同时结果为0。在这里,将字符的 ASCII 值进行异或运算,得到一个新的 ASCII 值。

4. 使用 `chr()` 函数将异或运算后的 ASCII 值转换为字符,并将结果字符串逐步构建。

1.2.9 重构代码

指令

例：「现有一个用于〈计算斐波那契数列的函数〉，请你通过改进以下代码的函数或模块帮我简化、优化代码，提高代码的可读性。注意对一些条件判断语句进行简化，将不必要的语句删除。〈提供相应的代码〉」

说明

学生可以使用 AIGC 工具获取和讨论关于代码模块化、函数提取、变量命名等方面的建议。可以向 AIGC 工具询问有关更好的算法、数据结构或代码组织方式的建议，以提高代码的效率和可读性。

示例

现有一个用于计算斐波那契数列的函数，请你通过改进以下代码的函数或模块帮我简化、优化代码，提高代码的可读性。注意对一些条件判断语句进行简化，将不必要的语句删除。

```python
def fibonacci(n):
    if n <= 0:
        return "Invalid input. Please enter a positive integer."
    elif n == 1:
        return 0
    elif n == 2:
        return 1
    else:
        fib_sequence = [0, 1]
        for i in range(2, n):
            next_num = fib_sequence[-1] + fib_sequence[-2]
            fib_sequence.append(next_num)
    return fib_sequence[-1]
```

你可以简化、优化和提高可读性的代码如下：

```python
def fibonacci(n):
    if n <= 0:
        return "Invalid input. Please enter a positive integer."

    fib_sequence = [0, 1]
    for _ in range(2, n):
        fib_sequence.append(fib_sequence[-1] + fib_sequence[-2])

    return fib_sequence[-1]
```

改进的地方包括：

1. 将初始的两个斐波那契数列元素（0和1）直接放入列表，避免了在循环中使用额外的条件判断。

2. 使用 `_` 作为循环变量名，因为在循环中并不使用它。

3. 删除了不必要的 `elif` 条件，因为在计算斐波那契数列时，不再需要检查 `n` 是否等于1或2，直接将初始值放入列表即可。

4. 删除了不必要的变量 `next_num`，直接在列表中追加斐波那契数列的下一个值。

5. 返回列表中最后一个元素，即斐波那契数列的第 n 个值。

1.2.10　代码纠错

指令

例：「请你作为一名〈具有多年教学经验的计算机教师〉，帮我检查以下代码是否存在错误（包括检查代码是否存在拼写错误、缺少冒号、括号不匹配等常见错误；分析代码是否有逻辑错误；查看代码中是否有适当的异常处理机制，以防止程序在运行时崩溃；检查变量和数据结构的使用是否合理，以确保其类型和用途符合代码设计意图）。若有，请你在关键代码块上方或侧边添加注释，并分析出现该错误的原因。〈提供相应的代码〉」

说明

AIGC 工具可以识别和纠正代码中的语法和拼写错误，指出潜在的问题或不一致之处，提高代码的规范性和可读性，并且可以提升学生的编程能力。此外，通过快速反馈和提供解决方案，AIGC 工具可以帮助学生解决编程难题，提高学习效率。

示例

> 请你作为一名具有多年教学经验的计算机教师，帮我检查以下代码是否存在错误（包括检查代码是否存在拼写错误、缺少冒号、括号不匹配等常见错误；分析代码是否有逻辑错误；查看代码中是否有适当的异常处理机制，以防止程序在运行时崩溃；检查变量和数据结构的使用是否合理，以确保其类型和用途符合代码设计意图）。若有，请你在关键代码块上方或侧边添加注释，并分析出现该错误的原因。

```python
def calculate_sum(n):
    sum = 0
    for i in range(1, n+1):
        sum += i
    return sum

n = input("Enter a number: ")
result = calculate_sum(n)
print("Sum from 1 to", n, "is:", result)
```

代码存在一个潜在的问题，涉及到用户输入。下面是检查和修复的注释：

```python
# 定义一个函数来计算从1到n的和
def calculate_sum(n):
    sum = 0
    # 使用range时，确保将输入转换为整数
    for i in range(1, int(n) + 1):
        sum += i
    return sum

# 用户输入的是字符串，需要转换为整数
n = input("Enter a number: ")
try:
    result = calculate_sum(int(n))
    # 打印计算结果
    print("Sum from 1 to", n, "is:", result)
except ValueError:
    # 处理用户可能输入非整数的情况
    print("Please enter a valid integer.")
```

主要改动和注释说明：

1. 在调用 `range` 时，确保将用户输入的 `n` 转换为整数，以避免可能的类型错误。

2. 将用户输入的 `n` 在调用 `calculate_sum` 函数之前转换为整数，以确保函数能够正确运行。

3. 添加了异常处理机制，使用 `try-except` 块来捕获 `ValueError`，以防止用户输入非整数，从而避免程序崩溃。在异常情况下，程序会输出一个友好的错误提示。

1.2.11 写测试

指令

例：「请你充当一名〈软件测试工程师〉，帮我编写一段测试函数功能是否正确实现的代码。该函数是一个〈计算器函数，接受两个数字和一个操作符，并返回计算结果〉。〈提供相应的代码〉」

说明

学生在编写代码时可能会产生各种问题，例如语法错误、逻辑错误等。AIGC工具可以帮助学生测试代码的功能，并且提供关于解决这些问题的提示和建议。

示例

请你充当一名软件测试工程师，帮我编写一段测试函数功能是否正确实现的代码。该函数是一个计算器函数，接受两个数字和一个操作符，并返回计算结果。

```
if operator == '+':
    return num1 + num2
elif operator == '-':
    return num1 - num2
elif operator == '*':
    return num1 * num2
elif operator == '/':
    # 避免除零错误
    if num2 != 0:
        return num1 / num2
    else:
        return "除数不能为零"
    else:
return "不支持的操作符"
```

为了测试这个计算器函数，你可以编写一些测试用例来验证它的功能是否正确。以下是一个简单的测试代码示例，使用 Python 的 `unittest` 模块：

```python
import unittest

class TestCalculatorFunction(unittest.TestCase):

    def test_addition(self):
        result = calculator(5, 3, '+')
        self.assertEqual(result, 8)

    def test_subtraction(self):
        result = calculator(10, 4, '-')
        self.assertEqual(result, 6)

    def test_multiplication(self):
        result = calculator(6, 7, '*')
        self.assertEqual(result, 42)

    def test_division(self):
        result = calculator(8, 2, '/')
        self.assertEqual(result, 4)

    def test_division_by_zero(self):
        result = calculator(10, 0, '/')
        self.assertEqual(result, "除数不能为零")

    def test_invalid_operator(self):
        result = calculator(5, 3, '%')
        self.assertEqual(result, "不支持的操作符")

if __name__ == '__main__':
    unittest.main()
```

1.2.12 写 Regex

指令

例:「我正在写一个程序,旨在〈从一段文本中提取所有的电子邮件地址〉。请你作为我的助手,帮助我写一个 Regex,以〈捕捉所有的电子邮件地址〉。」

说明

"Regex"是"正则表达式"(regular expression)的缩写。正则表达式是一种用于描述字符串模式的强大工具。学生可以通过正则表达式,从文本中提取特定的信息,比如从网页中提取链接或者从日志文件中提取特定格式的记录。

示例

我正在写一个程序,旨在从一段文本中提取所有的电子邮件地址。请你作为我的助手,帮助我写一个 Regex,以捕捉所有的电子邮件地址。

当你想要提取文本中的电子邮件地址时,可以使用正则表达式 (Regex) 来匹配它们。以下是一个简单的正则表达式,可以捕捉常见的电子邮件地址格式:

```regex
\b[A-Za-z0-9._%+-]+@[A-Za-z0-9.-]+\.[A-Z|a-z]{2,}\b
```

这个正则表达式的解释如下:

- `\b`: 匹配单词的边界,确保电子邮件地址不在单词中间。
- `[A-Za-z0-9._%+-]+`: 匹配电子邮件地址的用户名部分,可以包含字母、数字、下划线、百分号、加号和减号。
- `@`: 匹配电子邮件地址中的 at 符号。
- `[A-Za-z0-9.-]+`: 匹配电子邮件地址的域名部分,可以包含字母、数字、点号和减号。
- `\.`: 匹配域名和顶级域之间的点号。
- `[A-Z|a-z]{2,}`: 匹配顶级域,至少要有两个字母。
- `\b`: 匹配单词的边界。

请注意,虽然这个正则表达式可以匹配许多常见的电子邮件地址格式,但并不能捕捉所有可能的情况,因为电子邮件地址的规范相当复杂。在实际应用中,最好根据你的具体需求进行测试和调整。

在使用正则表达式时,你可以在程序中使用相应的函数来查找匹配的字符串,具体函数的调用方式可能因编程语言而异。如果需要帮助将这个正则表达式应用到特定编程语言中,请提供相关信息,我将尽力提供帮助。

1.2.13 概念解释

指令

例：「我是一名〈正在学习初级编程知识的学生〉，对〈编程中"模块""函数""数组""栈"等概念的界定〉不是很清楚。请你帮我列一个表格，解释相关概念，并对概念进行举例说明。」

说明

学生可以使用 AIGC 工具来获取关于课程内容、学科知识和学术研究的解释和建议。它可以作为一个辅助学习的工具，帮助学生理解复杂的概念，回答学生的问题，帮助学生更好地理解和应用知识。

示例

我是一名正在学习初级编程知识的学生，对编程中"模块""函数""数组""栈"等概念的界定不是很清楚。请你帮我列一个表格，解释相关概念，并对概念进行举例说明。

当谈到编程中的一些基本概念时，可以通过以下表格进行解释和举例：

概念	定义	举例
模块	一个包含变量、函数等的文件或代码块，可被其他程序引用。	Python中的模块是.py文件，例如`math`模块提供数学函数。
函数	一段可重复使用的代码，接受输入并产生输出。	在Python中，`print()`是一个函数，接受输入并输出相应的文本。
数组	存储相同类型数据元素的集合，通过索引或键访问元素。	在C语言中，`int numbers[5] = {1, 2, 3, 4, 5};`创建一个整数数组。
栈	一种数据结构，遵循后进先出（LIFO）的原则。	调用函数时，函数的局部变量存储在栈中，函数结束时从栈中移除。

这个表格提供了每个概念的简要定义和一个简单的例子，希望对你理解这些编程概念有所帮助。如果有进一步的问题，随时问我！

1.2.14 概念记忆

指令

例:「请你生成一幅图片,图片中心是〈一片绿色的草地,小草正在进行光合作用〉。〈阳光透过树叶,形成明亮的光斑,洒在草地上,一片生机〉。采用写实风格。」

说明

学生可以使用 AIGC 绘画工具生成一些有关科学概念的图片,例如对"光合作用"。除此之外,也可生成一些 DNA 解码、蛋白质分解等科学概念的图片,从而加深概念记忆。

示例

请你生成一幅图片,图片中心是一片绿色的草地,小草正在进行光合作用。阳光透过树叶,形成明亮的光斑,洒在草地上,一片生机。采用写实风格。

1.2.15　知识学习辅助

指令

例：「我打算对〈中国元明清时期的农奴制变化梳理一份思维导图〉。请你作为一名〈博览群书的历史学家〉，帮我整理〈制度变化的转折点，包括起因、发展、结果〉。注意〈把时间和人物标注清楚，方便我后期进行思维导图整理〉，非常感谢。」

说明

AIGC工具可以对某个学科的基础知识作解释、概括和梳理，帮助学生理解复杂的概念，回答问题，解决疑惑。它适用于多个学科、领域的学习，如编程、语言，同样也适用于心理健康支持等。

示例

我打算对中国元明清时期的农奴制变化梳理一份思维导图。请你作为一名博览群书的历史学家，帮我整理制度变化的转折点，包括起因、发展、结果。注意把时间和人物标注清楚，方便我后期进行思维导图整理，非常感谢。

当讨论中国元明清时期的农奴制变化时，我们可以关注几个重要的转折点，包括起因、结果和发展。以下是一份简要的整理：

元朝 (1271-1368)：

1. **起因**：元朝建立后，实行蒙古的蒙古法制，推行严格的农奴制度，对汉人实行苛捐杂税。

2. **结果**：农民生活贫困，社会动荡，民族矛盾激化。

明朝初期 (1368-1644)：

1. **起因**：明太祖朱元璋推翻元朝，推行土地制度改革，废除农奴制，实行"一夫一地"的均田制。

2. **结果**：农民得到一定的土地权，社会秩序相对稳定，但地主阶层逐渐形成。

明朝中期 (16世纪)：

1. **起因**：社会经济发展，富商地主阶层崛起，土地兼并现象明显，对农民加重剥削。

2. **结果**：地主阶层日益壮大，农民负担加重，社会矛盾加剧，劳动力流动性减弱。

明朝末期 (17世纪初)：

1. **起因**：农村社会矛盾激化，农民起义频发，如李自成领导的农民起义。

2. **结果**：明朝灭亡，清朝建立，清朝初期实行一定的土地制度改革，但农民仍然面临较重的赋税和劳役。

清朝初期 (17世纪末-18世纪初)：

1. **起因**：清朝实行"吏、民同治"政策，加强中央集权，但农奴制度并未完全废除。

2. **结果**：农奴制度得到一定程度的改善，但农民仍然受到赋税和劳役的限制。

1.2.16 成语解析

指令

例:「我是一名〈大三学前教育专业的师范生〉。请你作为我的助手,帮助我对以下成语的概念、背后的故事,以及在实际生活中的应用进行解析,注意语言要〈生动有趣,易于小朋友们理解并牢记〉。这些成语分别是:〈亡羊补牢、狐假虎威、画龙点睛〉。」

说明

学生可以利用 AIGC 工具获取有关成语的详细解释、用法、起源等信息,以便更深入地理解和学习成语知识。这对于语言学、文学、教育学等相关专业的学生尤其有帮助。

示例

我是一名大三学前教育专业的师范生。请你作为我的助手,帮助我对以下成语的概念、背后的故事,以及在实际生活中的应用进行解析,注意语言要生动有趣,易于小朋友们理解并牢记。这些成语分别是:亡羊补牢、狐假虎威、画龙点睛。

当然可以! 让我们逐个来解析这些成语,让小朋友们更容易理解。

1. **亡羊补牢**:

- **概念**: 这个成语意味着在一只羊走失之后,我们应该及时采取补救措施,修好栅栏,防止更多的羊跑掉。
- **故事**: 想象一下,农场的主人发现一只羊不见了。为了防止其他羊也跟着走失,主人会立刻修理栅栏,确保其他羊安全。
- **在生活中的用法**: 当我们在做事情时犯了错误,就像羊走失一样,要及时纠正和补救,不要等到问题变得更严重才采取行动。

2. **狐假虎威**:

- **概念**: 这个成语描述的是一只狐狸借助虎的威势来吓唬其他动物,其实它并不具备虎的力量。
- **故事**: 想象一只狐狸站在一只老虎旁边,吓唬其他小动物。小动物可能会以为狐狸很厉害,其实是因为它倚靠了虎的力量。
- **在生活中的用法**: 用来形容那些依仗别人的力量欺负别人的行为,强调表面强大但实际上并没有真本事。

3. **画龙点睛**:

- **概念**: 这个成语源自古代绘画,表示在画龙的最后一步,加上一点精彩的睛眼,使整幅画显得栩栩如生。
- **故事**: 想象画家在画了一条美丽的龙之后,最后在龙的眼睛上点上了一点颜色,龙立刻生动起来,栩栩如生。
- **在生活中的用法**: 指的是在事情的关键时刻,通过一个小小的亮点,就像画龙点睛一样,使整个事情变得生动有趣、更加完美。

希望这些解释对小朋友们有帮助,让他们能够轻松理解这些有趣的成语! 如果还有其他问题,随时告诉我哦。

1.2.17 讲故事

指令

例：「请你帮我生成一幅图片,图中〈有很多羊被高高的栅栏围在一起,其中有一个人在修理栅栏,这个人衣着朴素,是一位 45 岁左右的男性村民,他手上拿着修理工具。在栅栏的后面有高低错落的房屋。〉要求：〈色彩鲜明,采用写实风格〉。」

说明

学生可以利用 AIGC 工具获取某个成语（例如"亡羊补牢"）的故事场景、关键角色,以更好地理解故事,想象故事发生的环境,从而更好地讲解故事,增强叙事效果。同时,也可以对故事中的角色形象进行细化,包括外貌、服装、表情等。这有助于为角色赋予更多独特性,使其更具个性和辨识度。

示例

请你帮我生成一幅图片,图中有很多羊被高高的栅栏围在一起,其中有一个人在修理栅栏,这个人衣着朴素,是一位 45 岁左右的男性村民,他手上拿着修理工具。在栅栏的后面有高低错落的房屋。要求：色彩鲜明,采用写实风格。

1.2.18 演讲和演示辅助

指令

例:「我是一名〈大学二年级的学生〉,我将要〈在本周末进行一个主题为"人工智能在教育中的潜力与挑战"〉的演讲报告。请你为我的幻灯片报告梳理主要内容,包括一级标题、二级标题、三级标题等,以及对所需插图类型的描述,最后将幻灯片的内容凝练成一篇演讲文稿,要求内容与幻灯片相契合,语言具有学术风。」

说明

AIGC 工具可以用于检索相关领域的信息,帮助学生全面理解演讲主题。它可以总结大量文本,提炼关键信息,使演讲简洁明了。此外,AIGC 工具可以帮助学生练习演讲,并给出建议,增强学生的演讲自信心。

示例

> 我是一名大学二年级的学生,我将要在本周末进行一个主题为"人工智能在教育中的潜力与挑战"的演讲报告。请你为我的幻灯片报告梳理主要内容,包括一级标题、二级标题、三级标题等,以及对所需插图类型的描述,最后将幻灯片的内容凝练成一篇演讲文稿,要求内容与幻灯片相契合,语言具有学术风。

> 当然可以! 以下是你演讲报告的幻灯片梳理及演讲文稿:
>
> **幻灯片 1: 介绍**
>
> - 一级标题: 人工智能在教育中的革命
> - 插图: 图像中心展示一个融合教育与技术的全球图景,有学校、电脑、人工智能符号等。
>
> **幻灯片 2: 概览**
>
> - 一级标题: 背景与趋势
> - 二级标题: 全球人工智能在教育中的应用概况
> - 三级标题: 趋势分析与预测
> - 插图: 统计图显示全球人工智能在教育领域的投资与发展趋势。
>
> **幻灯片 3: 人工智能的优势**
>
> - 一级标题: 个性化学习
> - 二级标题: 智能辅助教学
> - 三级标题: 实时反馈与调整
> - 插图: 示意图表现人工智能在学生学习过程中的个性化指导与反馈机制。
>
> **幻灯片 4: 挑战与问题**
>
> - 一级标题: 道德与隐私问题
> - 二级标题: 技术依赖与失业风险
> - 三级标题: 数字鸿沟的加剧
> - 插图: 插入一些引人深思的图像,比如虚拟教室中的学生面对技术问题的困惑表情。

1.3 学习方法和自主学习能力

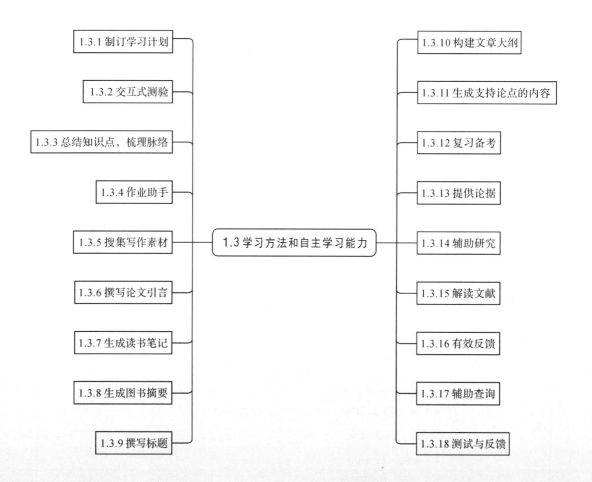

1.3.1　制订学习计划

指令

例:「我是一名大学生,即将开始新学期的学习。我的主要目标是丰富〈经济学和计算机科学〉方面的知识,并且希望能够在〈外语学习〉上有所进步。请帮我制订一个详细的学习计划,包括〈每天的学习时间、科目安排,以及每周的复习、实践项目和休息时间〉。」

说明

对于大学生来说,制订一个合理的学习计划至关重要。这不仅有助于提高大学生的学习效率,还可以帮助他们更好地管理时间和资源。一个有效的学习计划通常包含以下几个要素:目标设定、时间管理、科目安排、实践与应用。利用 AIGC 工具,大学生可以根据自己的专业和兴趣,快速创建一个个性化的学习计划,以便更有效地达成学习目标。制订计划时,还应考虑到实际的课程负担、课外活动和个人生活需求,确保学习计划的可行性和灵活性。

示例

> 我是一名大学生,即将开始新学期的学习。我的主要目标是丰富经济学和计算机科学方面的知识,并且希望能够在外语学习上有所进步。请帮我制订一个详细的学习计划,包括每天的学习时间、科目安排,以及每周的复习、实践项目和休息时间。

> **学期学习计划**
>
> **总体安排**
> - 每天学习时间: 4-6小时
> - 休息时间: 每周1天 (自由安排)
>
> **每周总体安排**
> - 周一至周五: 经济学、计算机科学、外语学习
> - 周末: 复习和实践项目
>
> **每日学习时间安排**
>
> **周一至周五**
>
> **8:00 - 9:00 外语学习**
> - 单词记忆、听力练习、口语练习
>
> **9:15 - 11:15 经济学课程**
> - 阅读教材、完成作业、理解经济学原理
>
> **11:30 - 12:30 计算机科学课程**
> - 编程练习、算法研究、课后作业
>
> **14:00 - 16:00 计算机科学项目实践**
> - 开发小项目、代码调试、项目总结
>
> **16:15 - 17:15 外语学习**
> - 阅读文章、写作练习、语言交流

1.3.2 交互式测验

指令

例：「我的专业是〈物理学〉，我需要通过一个交互式测验来巩固我的〈量子力学〉和〈经典力学〉知识。请为我设计一个包含〈多项选择题、计算题和概念解释题〉的测验，并在每个问题后提供详细的解答和解释。」

说明

对于大学生而言，交互式测验是一个很好的学习方法，它能帮助学生以有趣且有效的方式复习和巩固知识。通过 AIGC 工具，学生可以获得针对特定科目或主题的定制化测验，这些测验可以包括多种题型，如选择题、简答题、计算题等。交互式测验不仅能够提高学生的参与度和兴趣，还可以帮助他们更好地理解和记忆学习内容。此外，AIGC 工具可为学生提供解答和解释，从而提高学生的学习效率。对于大学生来说，这种方式特别适合学生复习考试内容，使学生加深对专业知识的理解或者掌握新概念。

示例

我的专业是物理学，我需要通过一个交互式测验来巩固我的量子力学和经典力学知识。请为我设计一个包含多项选择题、计算题和概念解释题的测验，并在每个问题后提供详细的解答和解释。

⊛ **当然可以**。让我们开始一个包含多项选择题、计算题和概念解释题的物理学测验，专注于量子力学和经典力学。我会在每个问题后提供详细的解答和解释。我们将从量子力学的多项选择题开始。

多项选择题

问题 1: 在量子力学中，海森堡不确定性原理表明：

A. 粒子的位置和动量不能同时被精确测量。

B. 粒子只能在观察时存在。

C. 所有量子态都可以被精确测量。

D. 波函数随时间的变化可以被确定性地预测。

请选出正确答案，并说明您的选择原因。

接下来，我们将进入经典力学的计算题。

计算题

问题 2: 一个质量为 m 的物体从静止开始沿着一个无摩擦的斜面下滑，斜面与水平面的夹角为 θ。计算物体下滑一段距离 d 后的速度。

请展示您的计算过程。

最后，我们来到概念解释题。

概念解释题

问题 3: 解释"量子纠缠"是什么，以及它如何挑战经典物理学的观念。

请详细描述您的解释。

请针对每个问题给出您的答案和解释，然后我会提供详细的答案和解释。

1.3.3 总结知识点,梳理脉络

指令

例:「我是一名〈大学一年级的学生〉,目前正在学习〈微观经济学〉。我发现理解和记忆课程中的各种概念和理论有些困难。请帮我总结〈微观经济学〉的主要知识点并梳理脉络,包括但不限于〈需求与供给、市场均衡、消费者行为〉等核心概念,以及这些概念之间的联系。」

说明

总结知识点并梳理脉络是帮助学生更好地理解和记忆学科内容的有效方法。一个清晰的知识点脉络图通常包括核心概念、主要理论、概念之间的联系等要素。利用AIGC工具,学生可以快速构建一个概念清晰、逻辑性强的知识点脉络图。

示例

我是一名大学一年级的学生,目前正在学习微观经济学。我发现理解和记忆课程中的各种概念和理论有些困难。请帮我总结微观经济学的主要知识点并梳理脉络,包括但不限于需求与供给、市场均衡、消费者行为等核心概念,以及这些概念之间的联系。

理解微观经济学的核心概念和理论需要系统的总结和脉络梳理。以下是微观经济学的主要知识点及其相互联系:

1. 需求与供给

- **需求**:消费者在不同价格水平下愿意购买的商品数量。影响需求的因素包括价格、收入、替代品和互补品的价格、消费者偏好等。
- **供给**:生产者在不同价格水平下愿意出售的商品数量。影响供给的因素包括生产成本、技术水平、生产者预期等。
- **需求定律**:在其他条件不变的情况下,价格上升,需求量减少;价格下降,需求量增加。
- **供给定律**:在其他条件不变的情况下,价格上升,供给量增加;价格下降,供给量减少。
- **需求曲线**:表示价格与需求量之间的关系,通常向右下方倾斜。
- **供给曲线**:表示价格与供给量之间的关系,通常向右上方倾斜。

2. 市场均衡

- **均衡价格**:供给量和需求量相等时的价格。
- **均衡数量**:在均衡价格下的供给量和需求量。
- **供需曲线的交点**:市场均衡点。
- **市场失灵**:当市场不能有效配置资源时,例如外部性、公共物品、信息不对称等。

3. 弹性

- **价格弹性**:需求量或供给量对价格变化的敏感程度。
  - **需求的价格弹性**:需求量对价格变化的反应程度。
  - **供给的价格弹性**:供给量对价格变化的反应程度。
- **收入弹性**:需求量对收入变化的敏感程度。
- **交叉弹性**:一种商品需求量对另一种商品价格变化的敏感程度。

1.3.4 作业助手

指令

例:「我是一名大学生,主修〈计算机科学〉。我正在准备一份关于〈人工智能和机器学习〉的研究报告。请帮我收集相关的资料,包括〈最新的研究进展、关键概念的解释,以及相关技术在不同领域的应用案例〉。同时,我还需要一些帮助来理解〈神经网络的工作原理〉和〈机器学习算法的基本分类〉。」

说明

对于大学生来说,使用 AIGC 工具作为作业助手可以大大提高学习效率和作业质量。AIGC 工具能够帮助学生进行资料收集和整理,提供专业知识的解释,或者提供复杂问题的解答。在撰写研究报告、准备演讲或者进行学术研究时,AIGC 工具可以作为一个重要的工具,提供最新的信息和深入的分析。此外,对于理解难度较大的概念或者复杂的学术理论,AIGC 工具能够提供简洁明了的解释,帮助学生更好地掌握知识。通过这种方式,学生不仅能够节省寻找和整理资料的时间,还能在学习过程中获得及时帮助和指导。

示例

我是一名大学生,主修计算机科学。我正在准备一份关于人工智能和机器学习的研究报告。请帮我收集相关的资料,包括最新的研究进展、关键概念的解释,以及相关技术在不同领域的应用案例。同时,我还需要一些帮助来理解神经网络的工作原理和机器学习算法的基本分类。

◎ **人工智能和机器学习研究报告**

1. 最新研究进展

人工智能 (AI) 和机器学习 (ML) 领域的发展日新月异,以下是一些近期的研究进展:

1. **自监督学习**:自监督学习是一种新兴的机器学习方法,通过利用未标记数据来训练模型。OpenAI的GPT-4和Facebook的SimCLR就是这类方法的典型代表。

2. **强化学习**:DeepMind的AlphaGo Zero利用强化学习,在没有人类数据的情况下,通过与自己对弈,学习并超越了人类水平。

3. **Transformer架构**:Transformer模型 (如BERT、GPT系列) 在自然语言处理 (NLP) 任务中取得了巨大的成功,已经广泛应用于语言翻译、文本生成等任务。

4. **生成对抗网络 (GANs)**:GANs被用于图像生成、视频预测等领域。最新的研究如StyleGAN3在生成高质量图像方面表现出色。

2. 关键概念解释

1. **人工智能 (AI)**:模拟人类智能的计算机系统,包括感知、推理、学习和自我纠正。

2. **机器学习 (ML)**:AI的一个子领域,通过数据训练模型,从而进行预测或决策。

3. **深度学习 (DL)**:ML的一个子集,使用多层神经网络来模拟人脑的工作方式,处理复杂的数据模式。

4. **神经网络**:一种模仿生物神经元连接的计算模型,由输入层、隐藏层和输出层组成。

5. **强化学习 (RL)**:通过与环境交互来学习最佳行为策略,常用于游戏和机器人控制。

3. 应用案例

1. **医疗**:AI用于医学影像分析 (如癌症检测)、个性化治疗和药物发现。

2. **金融**:用于算法交易、信用评分和欺诈检测。

1.3.5 搜集写作素材

指令

例:「我正在准备一篇关于〈中国现代诗歌〉的论文。请帮我收集一些写作素材,包括〈不同诗人的代表作、现代诗歌的主要特点,以及现代诗歌对社会和文化的影响〉。」

说明

对于大学生来说,使用 AIGC 工具来搜集写作素材是一种高效的写作方法。AIGC 工具不仅可以帮助学生快速获取广泛的信息,还能为他们提供深入的分析和不同角度的见解。通过 AIGC 工具,学生可以了解到关于特定主题的最新研究、不同观点,以及相关领域的历史背景和文化影响。这样不仅能够丰富他们的论文内容,还能够增加论文的思想深度和学术价值。此外,对于需要特别关注的细节或者复杂的理论,AIGC 工具还能给出清晰的解释和例证,帮助学生更好地构建和表达自己的观点。

示例

> 我正在准备一篇关于中国现代诗歌的论文。请帮我收集一些写作素材,包括不同诗人的代表作、现代诗歌的主要特点,以及现代诗歌对社会和文化的影响。

为您的《中国现代诗歌》论文提供一些写作素材,包括不同诗人的代表作、现代诗歌的主要特点以及其对社会和文化的影响。

1. 中国现代诗歌的代表诗人及其作品

中国现代诗歌的重要诗人包括**徐志摩**、**艾青**、**北岛**、**舒婷**和**海子**等。

- **徐志摩**:作为新月派的重要成员,徐志摩的诗歌以浪漫和自然为主题,《再别康桥》是他的代表作,描绘了他对康桥的深情告别。
- **艾青**:艾青的诗歌多以土地和人民为题材,表现了对祖国的热爱和对人民疾苦的关怀。《我爱这土地》是一首广为流传的诗,表达了他对祖国土地的深厚感情。
- **北岛**:作为朦胧诗派的代表诗人之一,北岛的诗歌常以隐晦的方式表达对社会现实的思考,如《回答》展现了他对政治压迫的反思。
- **舒婷**:舒婷的《致橡树》象征性地表达了女性在爱情中的独立自主,成为了女性主义诗歌的代表作。
- **海子**:海子的诗歌常带有浓厚的哲学和悲剧色彩,《面朝大海,春暖花开》通过简洁的语言表达了对理想生活的追求。

2. 中国现代诗歌的主要特点

中国现代诗歌自五四运动后开始崛起,受西方现代主义的影响,逐渐打破了传统诗歌的格律,追求自由的表达和个性化的语言。其主要特点包括:

- **形式的自由性**:现代诗歌打破了传统诗歌的严格格律,采用自由诗体,更加注重内心情感的直接表达。
- **主题的多样性**:现代诗歌的主题广泛,从爱情、自然到社会现实和哲学思考,涵盖了丰富的内容。
- **象征与隐喻**:许多现代诗人运用象征和隐喻来表达复杂的思想和情感,如朦胧诗派中的作品常常具有多重含义。
- **个人主义和现代性**:现代诗歌更多地关注个体的内心世界,反映了现代人面对社会变化时的迷茫和思考。

1.3.6 撰写论文引言

指令

例：「我正在撰写一篇论文，主题是〈"青少年心理健康的现代挑战"〉。请帮我撰写一段引言，涉及〈社交媒体对青少年心理健康的影响、现代社会压力，以及家庭环境对青少年发展的重要性〉。同时，我希望在结尾部分探讨〈有效的干预措施和支持系统〉。」

说明

AIGC工具能够帮助学生构思合理的论文结构，从而确保文章内容的连贯性和逻辑性。在撰写引言时，AIGC工具可以帮助学生明确地阐述研究主题，并引出论文的主要内容。这对于吸引读者的注意力，设置文章的基调，以及介绍研究背景和研究的重要性都至关重要。此外，对于结尾部分，AIGC工具能够提供全面的总结和深刻的见解，帮助学生明确地表达他们的观点，并强调研究的意义和对未来研究的潜在影响。通过这种方式，学生不仅可以提高写作技巧，还能够加深对特定学科的理解和分析能力。

示例

> 我正在撰写一篇论文，主题是"青少年心理健康的现代挑战"。请帮我撰写一段引言，涉及社交媒体对青少年心理健康的影响、现代社会压力，以及家庭环境对青少年发展的重要性。同时，我希望在结尾部分探讨有效的干预措施和支持系统。

> **引言**
>
> 近年来，青少年心理健康问题引起了社会的广泛关注。随着科技的快速发展和社交媒体的普及，青少年的生活方式发生了巨大的变化。社交媒体虽然为青少年提供了交流和表达自我的平台，但也带来了诸多负面影响，如网络欺凌、社交比较和成瘾性使用，这些都对青少年的心理健康构成了威胁。此外，现代社会的高压生活和竞争激烈的环境，使得青少年面临的学业压力和未来规划压力日益增加，进一步加剧了心理健康问题的严重性。
>
> 在这种背景下，家庭环境的作用变得尤为重要。家庭作为青少年成长的第一环境，其和谐与否直接影响到青少年的心理发展。良好的家庭关系、积极的亲子互动和支持性的家庭氛围可以为青少年提供情感上的支持和安全感，有助于他们应对外界压力，保持心理健康。
>
> 为了应对这些现代挑战，社会各界需要共同努力，制定和实施有效的干预措施和支持系统。通过学校教育、心理咨询和社区服务等多方面的合作，可以为青少年提供更多的心理健康资源和支持，帮助他们健康成长。

1.3.7 生成读书笔记

指令

例：「我最近在阅读〈乔治·奥威尔的《1984》〉。为了〈更好地理解和记忆书中的内容〉，我需要写一份详细的读书笔记。请你帮我总结这本书的〈主要情节、重要人物、主题思想，并撰写一些感悟和反思〉。」

说明

使用 AIGC 工具撰写读书笔记不仅可以帮助学生更好地理解和记忆所阅读的书中的内容，还能提高分析和批判性思维能力。在撰写读书笔记时，重要的是要总结书中的关键内容，如情节、人物、主题等，并总结个人感悟，提出反思。通过 AIGC 工具，学生可以得到关于如何有效地提炼和表达这些信息的指导，这对于深入理解文学作品具有重要作用。

示例

我最近在阅读乔治·奥威尔的《1984》。为了更好地理解和记忆书中的内容，我需要写一份详细的读书笔记。请你帮我总结这本书的主要情节、重要人物、主题思想，并撰写一些感悟和反思。

《1984》读书笔记

主要情节

《1984》讲述了一个极权主义社会的故事。故事发生在虚构的未来世界，时间设定在1984年。整个世界被三个超级大国瓜分：欧亚国、东亚国和大洋国。主人公温斯顿·史密斯生活在大洋国，由于大洋国政府通过"老大哥"进行全面的监控和控制，人民失去了自由和隐私。温斯顿在真理部工作，负责篡改历史记录，使其符合党的宣传。他逐渐对现状产生怀疑，并试图反抗党的统治，但最终被捕，遭受酷刑和洗脑，最终屈服于党的意志。

重要人物

1. **温斯顿·史密斯**：主人公，真理部的普通职员，心中对党的统治充满反感，试图寻找真相和自由。

2. **朱莉娅**：温斯顿的同事和情人，与温斯顿一起反抗党，但她的反抗更多的是为了享受个人的自由和快乐。

3. **奥布莱恩**：表面上是温斯顿的朋友和盟友，实际上是党内的高官，负责监视和控制反对者，最终背叛温斯顿。

4. **老大哥**：大洋国的象征性领袖，实际是否存在不明。代表了极权主义政府无处不在的监控和压迫。

主题思想

1. **极权主义的恐怖**：书中描绘了一个极权政府如何通过监控、洗脑、宣传等手段完全控制人民，剥夺他们的自由和个性。

2. **历史的篡改与真理的消失**：真理部负责修改历史，使过去与党的当前政策一致，这反映了对真理的操控和扭曲。

3. **语言的控制**：新语的使用是为了限制人们的思维，使他们无法产生反抗思想，这显示了语言对思想的巨大影响。

4. **个体与集体**：书中强调了个体在极权社会中的渺小和无力，党通过集体主义压制个体的自由意志。

1.3.8 生成图书摘要

指令

例：「我正在读〈哈珀·李的《杀死一只知更鸟》〉，现在需要一个关于这本书的简明摘要。请你帮我生成一份摘要，内容包括〈书的主要情节、核心人物、主题以及对社会正义和种族问题的探讨〉。」

说明

使用 AIGC 工具生成图书摘要是一种高效的学习辅助方式，它可以帮助学生快速把握图书的核心内容。一份好的图书摘要应该包括对主要情节的概述、对核心人物的介绍、对主题的探讨，以及对作者观点和作品意义的分析。

示例

我正在读哈珀·李的《杀死一只知更鸟》，现在需要一个关于这本书的简明摘要。请你帮我生成一份摘要，内容包括书的主要情节、核心人物、主要主题以及对社会正义和种族问题的探讨。

⊛ 《杀死一只知更鸟》是哈珀·李创作的一部经典小说，首次出版于1960年。以下是这本书的简明摘要：

主要情节

故事发生在20世纪30年代美国南部阿拉巴马州的梅科姆镇，叙述者是小女孩斯科特·芬奇（昵称"童子军"），她和哥哥杰姆在单亲父亲阿提克斯·芬奇的抚养下成长。阿提克斯是一位律师，接手了一个有争议的案件：为黑人男子汤姆·鲁滨逊辩护，后者被指控强奸白人女子梅拉·尤厄尔。尽管证据表明汤姆无罪，阿提克斯在法庭上却遭遇了强烈的种族偏见和社会压力。最终，汤姆被判有罪，并在企图越狱时被枪杀。

与此同时，童子军和杰姆也经历了成长的烦恼，他们目睹了父亲在追求正义过程中的艰难与坚持，自己也经历了偏见与公正的斗争。书中的另一条重要情节线是芬奇家的邻居布·拉德利，他被描述为一个神秘而隐秘的人物。最终，布·拉德利在关键时刻出手相救，保护了童子军和杰姆免受梅拉的父亲鲍勃·尤厄尔的伤害。

核心人物

- **阿提克斯·芬奇**：童子军和杰姆的父亲，一位道德正直的律师，以其公平和正义感著称。

- **斯科特·芬奇（童子军）**：小说的叙述者，一个聪明、好奇的小女孩，通过她的视角展现了梅科姆镇的生活。

- **杰姆·芬奇**：童子军的哥哥，随着故事的发展逐渐成熟，对社会的不公有了更深的理解。

- **汤姆·鲁滨逊**：被错误指控的黑人男子，他的案件是小说中探讨种族偏见的核心。

- **布·拉德利**：神秘的邻居，最终展现出他的勇敢与善良。

主要主题

- **种族偏见**：小说通过汤姆·鲁滨逊的案件揭示了20世纪30年代美国南部社会的种族歧视问题，反映了当时深植于人们心中的种族偏见。

- **正义与道德**：阿提克斯·芬奇是正义和道德的化身，他的行为和言论传达了公平和正直的重要性，即使在面对巨大阻力时也坚持不懈。

1.3.9 撰写标题

指令

例:「我是一名〈教育学本科生〉,目前正在为我的〈教育心理学课程〉准备一篇论文。这篇论文的主题是〈"远程教育对学生学习动机的影响"〉。我需要一个〈既能吸引读者注意,又能准确反映论文核心内容〉的标题。请你帮我设计几个创意标题,这些标题应该〈紧扣远程教育和学习动机的主题,同时具有创新性和吸引力〉。」

说明

使用 AIGC 工具撰写论文标题是一种高效且富有创造性的方法。AIGC 工具能帮助学生在构思和精炼论文标题的过程中拓宽思路,提供多样的表达方式。

示例

我是一名教育学本科生,目前正在为我的教育心理学课程准备一篇论文。这篇论文的主题是"远程教育对学生学习动机的影响"。我需要一个既能吸引读者注意,又能准确反映论文核心内容的标题。请你帮我设计几个创意标题,这些标题应该紧扣远程教育和学习动机的主题,同时具有创新性和吸引力。

🎐 以下是几个创意标题, 供你选择和参考:

1. "虚拟课堂, 真实动力: 远程教育对学生学习动机的影响"

2. "屏幕背后的驱动力: 探究远程教育如何激发学生的学习动机"

3. "超越距离: 远程教育中的学习动机新探"

4. "数字化学习的动力源: 远程教育对学生动机的深远影响"

5. "在线课堂, 动力无限: 远程教育如何改变学生的学习态度"

6. "从屏幕到心灵: 远程教育对学习动机的双重作用"

7. "学习动机的远程唤醒: 探索线上教育的激励机制"

8. "动力重构: 远程教育环境中的学生学习动机解析"

9. "激发潜能: 远程教育如何驱动学生学习动机"

10. "虚拟教育中的动力重燃: 学生学习动机的线上变革"

希望这些标题能帮助你找到灵感! 如果有需要进一步修改或调整的地方, 随时告诉我。

1.3.10　构建文章大纲

指令

例：「我是一名〈大学三年级的学生〉，正在为我的〈环境科学课程〉准备一篇研究论文。这篇论文的主题是〈"城市化对自然环境的影响"〉。现在我需要一个清晰的文章大纲，请你帮我构建这篇论文的大纲，包括〈引言、几个主要部分（如城市化的历史、城市化对自然环境的具体影响、案例研究、解决方案等）和结论〉。」

说明

良好的文章大纲不仅可以帮助学生清晰地组织思路，还能确保研究内容的全面性和逻辑性。一个详细的大纲应该包括论文的每个关键部分，包括引言、结论等。AIGC工具可以帮助学生明确每个部分的主要内容和研究目的，确保研究的深度和广度。

示例

> 我是一名大学三年级的学生，正在为我的环境科学课程准备一篇研究论文。这篇论文的主题是"城市化对自然环境的影响"。现在我需要一个清晰的文章大纲，请你帮我构建这篇论文的大纲，包括引言、几个主要部分（如城市化的历史、城市化对自然环境的具体影响、案例研究、解决方案等）和结论。

当然，我可以帮助你构建这篇研究论文的大纲。以下是一个详细的大纲示例：

大纲：城市化对自然环境的影响

引言

1. **背景介绍**
   - 城市化的定义及其全球趋势
   - 城市化的重要性和必要性

2. **研究目的和意义**
   - 研究城市化对自然环境的影响
   - 探讨如何在城市化过程中保护自然环境

3. **研究方法**
   - 文献综述
   - 数据分析
   - 案例研究

主要部分

第一部分：城市化的历史和进程

1. **城市化的起源和发展**
   - 早期城市化的例子（古代文明）
   - 工业革命后的城市化浪潮

2. **现代城市化的特征**
   - 人口增长和城市扩展

1.3.11 生成支持论点的内容

指令

例:「我正在准备辩论比赛,这次辩论的主题是〈"全球化对发展中国家的影响"〉。我需要支持论点的内容,包括〈全球化的定义、全球化对发展中国家的正面影响、案例分析,并反驳可能的反对观点〉。请你帮助我梳理这些支持论点的详细内容,确保每个点都有充分的证据和深入的分析。」

说明

在准备辩论或撰写论文时,构建有力的论点是至关重要的。而一个有效的论点不仅需要清晰的定义和描述,还需要基于事实的证据和深入的分析。通过使用 AIGC 工具,学生可以得到支持论点的详细内容。

示例

我正在准备辩论比赛,这次辩论的主题是"全球化对发展中国家的影响"。我需要支持论点的内容,包括全球化的定义、全球化对发展中国家的正面影响、案例分析,并反驳可能的反对观点。请你帮助我梳理这些支持论点的详细内容,确保每个点都有充分的证据和深入的分析。

---

1. 全球化的定义

全球化是指商品、服务、资本、技术和信息在全球范围内的流动和相互依赖的加深。它涉及经济、文化、政治和社会等多个方面的相互联系和影响。全球化使得国家之间的界限变得模糊,世界变得更加互联和互动。

2. 全球化对发展中国家的正面影响

经济增长和就业机会

1. **贸易增加**:全球化促进了国际贸易的发展,使发展中国家能够出口其商品和服务,从而获得更多的外汇收入。例如,中国和印度通过参与全球贸易实现了显著的经济增长。

2. **投资流入**:全球化吸引了外国直接投资(FDI),这些投资为发展中国家带来了资本、技术和管理经验,提高了生产力和竞争力。例如,越南通过吸引外资建立了强大的制造业基地。

3. **就业机会**:全球化创造了大量就业机会,特别是在制造业和服务业,帮助减少了贫困。例如,孟加拉国的纺织工业为数百万工人提供了就业机会。

技术和知识转移

1. **技术进步**:跨国公司在发展中国家设立工厂和研发中心,带来了先进的技术和管理经验,提高了当地企业的技术水平。例如,印度的信息技术行业受益于美国和欧洲公司的技术和管理经验。

2. **教育和技能提升**:全球化促进了教育和培训的发展,提升了劳动力的技能水平。例如,巴西通过全球化改善了高等教育系统,培养了大量高技能人才。

基础设施和社会发展

1. **基础设施建设**:外国投资和援助用于建设道路、桥梁、港口和电力设施,改善了发展中国家的基础设施。例如,中国通过"一带一路"倡议在非洲和亚洲建设了大量基础设施项目。

2. **健康和社会福利**:全球化促进了医疗技术和药品的传播,提高了发展中国家的医疗水平和公共卫生状况。例如,全球疫苗联盟(Gavi)通过国际合作为发展中国家提供了大量疫苗,减少了疾病的传播。

1.3.12　复习备考

指令

例：「我正在准备关于《中华人民共和国民法典》的考试。请帮我制订一个复习计划，包括〈对重点概念的复习、案例分析练习，以及模拟试题练习〉。此外，我还希望能够通过〈一些互动式的问答〉来加深理解。」

说明

学生在准备考试时，AIGC工具可以帮助学生制订详细的复习计划，这对于学生管理学习时间和确保所有重点内容都得到充分复习非常重要。此外，AIGC工具还能提供模拟试题和案例分析，帮助学生在实际考试环境中应用所学知识。对于复杂的概念和理论，AIGC工具能够提供清晰的解释和例子，使学生更容易理解和记忆。通过这种方式，学生不仅能够提高学习效率，还能够更好地准备考试。

示例

我正在准备关于《中华人民共和国民法典》的考试。请帮我制订一个复习计划，包括对重点概念的复习、案例分析练习，以及模拟试题练习。此外，我还希望能够通过一些互动式的问答来加深理解。

✦　**复习计划：<《中华人民共和国民法典》>考试**

第一周：重点概念复习

- **目标**：全面理解《民法典》的核心内容，掌握关键概念和条款。
- **每日任务**：
  - **第一天**：总则（包括基本原则、民事主体、民事权利等）
  - **第二天**：物权（包括所有权、用益物权、担保物权等）
  - **第三天**：合同（合同的订立、履行、变更、解除、违约责任等）
  - **第四天**：人格权（包括生命权、身体权、健康权等）
  - **第五天**：婚姻家庭（婚姻关系、离婚、家庭关系等）
  - **第六天**：继承（继承的基本原则、法定继承、遗嘱继承等）
  - **第七天**：侵权责任（侵权行为、责任归责原则等）

第二周：案例分析练习

- **目标**：通过案例分析，加深对法律条款的实际应用理解。
- **每日任务**：
  - **第一天**：分析总则和物权的案例
  - **第二天**：分析合同法的经典案例
  - **第三天**：分析人格权的案例
  - **第四天**：分析婚姻家庭法的案例
  - **第五天**：分析继承法的案例
  - **第六天**：分析侵权责任法的案例
  - **第七天**：综合案例练习，结合多个法律领域

1.3.13 提供论据

指令

例：「我即将参加一场关于〈"科技进步是否总是有利于社会发展"〉的辩论比赛。我需要准备支持和反对这一观点的论据。请你帮我分别列出支持〈"科技进步总是有益的"〉和〈"科技进步可能带来负面影响"〉的主要论据，包括相关的例子和逻辑论证。」

说明

在辩论比赛中，能够全面、有逻辑地阐述论点是至关重要的。通过使用 AIGC 工具，学生可以得到关于构建有力论据的指导，包括论点的阐述、相关例证的使用，以及如何有逻辑地、严谨地进行论证。

示例

我即将参加一场关于"科技进步是否总是有利于社会发展"的辩论比赛。我需要准备支持和反对这一观点的论据。请你帮我分别列出支持"科技进步总是有益的"和"科技进步可能带来负面影响"的主要论据，包括相关的例子和逻辑论证。

为了帮助你准备辩论，以下是支持和反对"科技进步是否总是利于社会发展"这一观点的主要论点，各两个，包含相关的例子和逻辑论证。

支持"科技进步总是有益"观点的论点

1. **提升生活质量与健康水平**
   - **论点**：科技进步显著提高了人类的生活质量，尤其是在医疗和公共卫生领域，使得人类的平均寿命大幅延长，疾病控制变得更加有效。
   - **例子**：抗生素的发明、疫苗的普及、基因疗法的发展等都极大地降低了传染病的发病率和死亡率。20世纪初，青霉素的发明挽救了数百万人的生命，而如今的基因编辑技术则有潜力治愈遗传病。
   - **逻辑**：科技进步通过医疗创新和卫生条件的改善，使得人们能够享有更长寿和更健康的生活，直接改善着社会的整体福祉。

2. **推动经济增长与社会进步**
   - **论点**：科技进步是经济发展的主要推动力，通过提高生产效率、创造新产业和就业机会，推动了社会的繁荣与进步。
   - **例子**：工业革命通过蒸汽机和机械制造业的崛起，极大地提高了生产效率和生活水平。近年来，信息技术革命（如互联网和人工智能的发展）创造了新的经济模式（如电子商务和共享经济），带来了新的就业机会和财富。
   - **逻辑**：科技进步不仅推动了生产力的提升，还创造了新的经济增长点，从而为社会带来了长期的繁荣和进步。

反对"科技进步总是有益"观点的论点

1. **环境破坏与资源耗竭**
   - **论点**：科技进步虽然带来了经济增长，但也导致了严重的环境问题和资源耗竭，长远来看可能威胁到人类的生存。
   - **例子**：工业革命以来，过度依赖化石燃料导致了全球气候变暖、空气污染和海洋酸化等问题。现代工业活动还导致了自然资源的过度开采，如森林砍伐、矿产资源枯竭，破坏了生态系统的平衡。
   - **逻辑**：尽管科技进步带来了短期的经济效益，但对环境的破坏和资源的耗竭却是不可逆的，可能最终导致人类社会的崩溃。

1.3.14 辅助研究

指令

例:「我是一名〈教育学专业〉的〈研究生〉,正在进行一项关于〈在线教育与传统教育模式对学生学习效果的比较研究〉。我需要进行文献综述、数据收集和分析,涉及〈在线教育的发展历史、当前应用情况,与传统教育模式在不同学科和年龄层学生中的效果对比〉等内容。请你帮我整理相关的研究文献,并提出一些关键的数据分析方法和研究假设。」

说明

一个全面的研究过程包括对相关文献进行阅读和理解、有效收集数据,以及对数据进行精确分析。在学生研究过程中,AIGC 工具可以提供一些支持,例如整理教育学领域的相关研究文献,提供不同数据收集和分析的方法,帮助学生设置研究假设和构建论证框架。

示例

我是一名教育学专业的研究生,正在进行一项关于在线教育与传统教育模式对学生学习效果的比较研究。我需要进行文献综述、数据收集和分析,涉及在线教育的发展历史、当前应用情况,与传统教育模式在不同学科和年龄层学生中的效果对比等内容。请你帮我整理相关的研究文献,并提出一些关键的数据分析方法和研究假设。

好的,以下是关于在线教育与传统教育模式对学生学习效果的比较研究的文献综述、数据分析方法和研究假设的整理:

文献综述

一、在线教育的发展历史

1. 在线教育的起源与发展
   - 早期的在线课程与远程教育
   - 互联网普及后的在线教育平台（如学堂在线、网易云课堂）
   - 移动互联网时代的教育APP和微课

2. 在线教育在中国的发展
   - 中国在线教育的起步与政策支持
   - 主要在线教育平台和应用（如学堂在线、腾讯课堂、作业帮、猿辅导）

二、当前在线教育的应用情况

1. 各类在线教育平台的功能和特点
   - 综合性平台（如学堂在线、腾讯课堂）
   - 专业性平台（如猿辅导、作业帮）
   - 互动性工具（如钉钉、腾讯会议）

2. 在线教育在不同学科中的应用
   - 文科（如语文、历史等）与理科（如数学、物理等）的差异
   - 艺术与体育课程的在线教育尝试

3. 在线教育在不同年龄层学生中的应用
   - 小学生、中学生和大学生的在线学习模式
   - 成人继续教育与职业培训

1.3.15　解读文献

指令

例:「我是一名〈文学研究生〉,目前正在研究〈中国古典文学中的《大学》〉。我在理解文本中的〈哲学思想和文学价值〉方面遇到了困难。请你帮我解读〈《大学》这篇文献,包括〈其主要哲学观点、文学特色,以及对古典文学的重要意义和影响〉。」

说明

使用 AIGC 工具解读文献是一种有效的学术支持方法,适用于需要深入分析和理解复杂文献的学习场景。AIGC 工具能够协助学生解析文献的主要观点,并提供分析方法,得出结论,帮助学生提升对文献的理解能力。

示例

我是一名文学研究生,目前正在研究中国古典文学中的《大学》。我在理解文本中的哲学思想和文学价值方面遇到了困难。请你帮我解读《大学》这篇文献,包括其主要哲学观点、文学特色,以及对古典文学的重要意义和影响。

    《大学》是中国古代儒家经典之一,是《四书》之一,也是儒家思想的核心之一。这篇文献包含了丰富的哲学思想和文学特色,对古典文学产生了深远的影响。

首先,我们来看一下《大学》的主要哲学观点。《大学》强调了修身齐家治国平天下的理念,提倡"格物致知、诚意正心、修身齐家治国平天下"的思想体系。其中,"格物致知"强调了通过观察事物来获得知识的重要性,"诚意正心"强调了修身的重要性,"修身齐家治国平天下"则是强调了个人修养与社会治理的密切关系。

其次,从文学特色来看,《大学》的文风庄重典雅,语言简练明确,寓意深刻。通过生动的比喻和富有启发性的格言,将哲学思想融入文学表达之中,使其更具有感染力和说服力。

在古典文学背景下,《大学》具有极其重要的意义和影响。首先,《大学》奠定了儒家思想的基本框架,对后世儒家学说产生了深远影响。其次,《大学》提出了追求真理、修身养性的理念,对中国传统文化和价值观念产生了深远影响,影响至今。

总的来说,《大学》不仅是一部经典的哲学著作,也是一部具有深刻文学内涵的文学作品,对中国古代文学和哲学产生了深远影响,值得我们深入研究和品味。

1.3.16 有效反馈

指令

例：「我最近写了一篇英语作文，主题是〈"我梦想的职业"〉。作文的一段内容是："〈In my dream，I always think to become a doctor．This job is very important because it can help many people．In the future，I want to study in a good university and learn many about medicine．〉"。请你针对我这段内容提供具体的改进建议，包括单词、语法、句式结构以及整体表达的清晰度等方面。」

说明

AIGC工具能够迅速处理大量数据并有效反馈，使学生能够及时获得相关建议。这种及时性有助于学生快速调整学习策略和方法，避免积累知识盲点。但是，要确保AIGC工具使用的数据和算法是准确和可靠的，以避免生成错误的反馈。

示例

我最近写了一篇英语作文，主题是"我梦想的职业"。作文的一段内容是：In my dream，I always think to become a doctor．This job is very important because it can help many people．In the future，I want to study in a good university and learn many about medicine．请你针对我这段内容提供具体的改进建议，包括单词、语法、句式结构以及整体表达的清晰度等方面。

⑤ 这段描述你梦想职业的内容已经很好了，但我可以帮你进一步提升它的表达。以下是一些具体的改进建议：

1. **语法：**

- "In my dream career, I envision myself as a successful environmental scientist, working tirelessly to preserve and protect our planet's natural resources." 这句话已经很流畅了，没有明显的语法错误。

2. **词汇选择：**

- "working tirelessly" 可以用更具体的词来描述你的努力，比如 "dedicatedly" 或者 "passionately"。

- "preserve and protect" 这里可以用 "preserve, protect, and sustain" 来增加动作的多样性。

3. **句式结构：**

- 你可以尝试在句子中加入一些描述，让句子更加生动有趣。比如："In my dream career, I envision myself as a successful environmental scientist, dedicatedly conducting groundbreaking research that not only helps us understand but also mitigates the impacts of human activity on the environment."

4. **整体表达的清晰度：**

- 这段话表达了你对环境科学家职业的热情和承诺，但可以更具体地描述你希望在环境科学领域取得的成就和影响力。你可以提一些具体的研究方向或者项目，以及你希望通过这些研究实现的目标。

综上所述，这段话已经很好地表达了你的梦想职业，但可以通过增加一些具体的描述和修饰来使其更加生动和引人注目。

1.3.17 辅助查询

指令

例：「我们正在做一个关于〈塑料污染及其解决方案〉的研究项目。我们需要了解〈塑料污染的基本知识、找到相关资源、制订项目计划、收集和分析数据、进行展示〉。你能提供一个全面的指导吗？」

说明

利用 AIGC 工具进行查询，学生可以更高效地获取所需信息，提高学习效率和成果质量。这种方法特别适合需要对特定学科进行深入研究的学生。

示例

我们正在做一个关于塑料污染及其解决方案的研究项目。我们需要了解塑料污染的基本知识、找到相关资源、制订项目计划、收集和分析数据、进行展示。你能提供一个全面的指导吗？

当然可以！以下是一个全面的指导，以帮助你和你的团队成功完成关于塑料污染及其解决方案的研究项目。

1. 塑料污染的基本知识

塑料污染的定义

塑料污染是指塑料制品进入自然环境（如海洋、河流、森林）并对生态系统、人类健康和生物多样性产生负面影响。

塑料的分类

塑料分为多种类型，最常见的包括：

- 聚乙烯（PE）：用于塑料袋、瓶子等。
- 聚丙烯（PP）：用于食品包装、汽车部件等。
- 聚氯乙烯（PVC）：用于建筑材料、管道等。
- 聚苯乙烯（PS）：用于食品容器、包装材料等。

塑料污染的危害

- 对海洋生物的危害：塑料垃圾进入海洋后，海洋生物可能误食或被塑料缠绕，导致死亡。
- 对人类健康的威胁：微塑料进入食物链，可能对人类健康产生负面影响。
- 环境问题：塑料降解需要数百年，长期存在于环境中，对生态系统造成持续破坏。

2. 相关资源的获取

免费影像资料

- 央视网：可以通过CCTV的纪录片频道找到关于塑料污染的纪录片，如《塑料海洋》。
- 哔哩哔哩（Bilibili）：提供大量与环境保护相关的内容和纪录片，搜索关键词如"塑料污染"、"环境保护"。
- 中国知网：虽然部分内容需要付费，但一些高校会提供免费访问，可以找到学术论文和报告。
- 网易公开课：有许多免费的环境科学课程，帮助你更好地理解塑料污染问题。

3. 项目计划

目标设定

- 研究目标：理解塑料污染的现状和其对环境的影响，探讨有效的解决方案。
- 项目时间表：为项目设定一个具体的时间表，包括研究、数据收集、分析和展示的时间节点。

1.3.18　测试与反馈

指令

例：「我正在为即将到来的〈高数考试〉做准备。我在〈导数与微分〉方面感到不太自信，需要对相关知识进行自我测试，以评估我的知识掌握程度。请你提供一些针对〈导数与微分〉的练习题，并在我完成后给予〈正确答案和必要的解释〉。」

说明

AIGC 工具可以根据学生的学习情况和测试表现，提供个性化的建议和学习资料，帮助学生更有效地弥补知识漏洞和提升学习效果。学生也可以随时随地使用 AIGC 工具进行自我测试和学习，提高了学习的灵活性和自主性，不再受时间和地点的限制。

示例

> 我正在为即将到来的高数考试做准备。我在导数与微分方面感到不太自信，需要对相关知识进行自我测试，以评估我的知识掌握程度。请你提供一些针对导数与微分的练习题，并在我完成后给予正确答案和必要的解释。

好的，这里有一些精选的关于导数与微分的练习题。请先尝试解答这些问题，完成后我会提供正确答案和解题解释。

练习题

1. 计算以下函数的导数：
$$f(x) = 3x^4 - 5x^3 + 2x - 7$$

2. 计算以下函数的导数：
$$g(x) = \sin(x) \cdot \cos(x)$$

3. 计算以下复合函数的导数：
$$h(x) = \sqrt{1 + x^2}$$

4. 计算以下函数的二阶导数：
$$f(x) = e^{2x}$$

5. 计算以下隐函数的导数：
$$x^2 + y^2 = 25$$

6. 计算以下函数在 $x = 1$ 处的微分：
$$f(x) = \ln(x)$$

7. 计算以下函数的导数：
$$f(x) = \frac{x^2 + 1}{x - 1}$$

8. 计算以下函数的导数：
$$g(x) = \tan(x^2)$$

. 完成这些练习题后，我将提供正确答案和解题步骤。

1.4 综合素养和个人发展

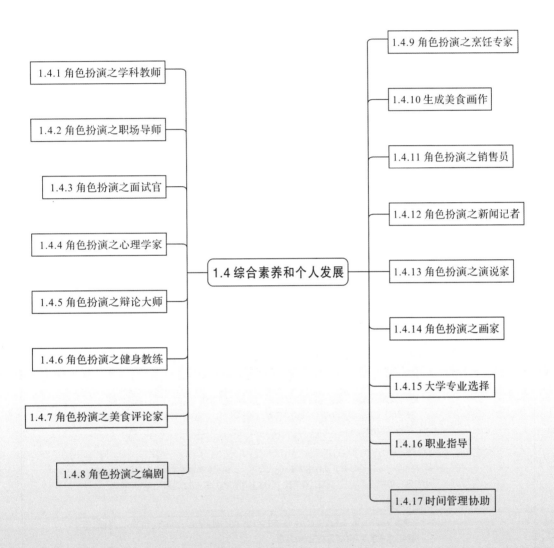

1.4.1 角色扮演之学科教师

指令

例:「我目前在学习〈有机化学里的"羟基化合物的氧化与还原"〉这个知识点。现在你是我的〈化学老师〉,请详细解释这些概念,并提供一些实例来帮助我更好地理解。我还需要一些相关的练习题和答案,以便巩固我所学的知识。」

说明

将 AIGC 工具作为学科教师,学生可以得到即时的学术支持和个性化辅导。这种方法特别适合需要深入理解特定学科知识的学生。AIGC 工具能够向学生提供清晰的概念解释、实用的例子以及有针对性的练习题,这有助于学生克服学习难点,提高学习的自信心。

示例

我目前在学习有机化学里的"羟基化合物的氧化与还原"这个知识点。现在你是我的化学老师,请详细解释这些概念,并提供一些实例来帮助我更好地理解。我还需要一些相关的练习题和答案,以便巩固我所学的知识。

羟基化合物的氧化与还原

在有机化学中,羟基化合物 (通常指醇类) 经历氧化和还原反应是常见的反应路径。以下是对这些反应的详细解释,以及相关的实例。

1. 氧化反应

氧化反应是指增加有机分子中的氧含量或减少氢含量。对于羟基化合物,具体的氧化反应根据醇的类型 (一级、二级或三级醇) 而有所不同。

- **一级醇的氧化**:
  - **氧化为醛**: 一级醇 ($R-CH_2OH$) 在温和的氧化条件下,如使用PCC (吡啶氯铬酸酯),会氧化生成醛 ($R-CHO$)。例如,乙醇 (CH_3CH_2OH) 氧化生成乙醛 (CH_3CHO)。
  - **进一步氧化为羧酸**: 在更强的氧化条件下 (如使用重铬酸钾 ($K_2Cr_2O_7$) 或高锰酸钾 ($KMnO_4$)),醛可以进一步氧化为羧酸 ($R-COOH$)。例如,乙醛进一步氧化生成乙酸 (CH_3COOH)。
- **二级醇的氧化**:
  - 二级醇 ($R-CHOH-R'$) 氧化生成酮 ($R-CO-R'$),这类反应通常使用类似的氧化剂 (如PCC、重铬酸钾等)。例如,异丙醇 ($CH_3CHOHCH_3$) 氧化生成丙酮 (CH_3COCH_3)。
- **三级醇的氧化**:
  - 三级醇 (R_3COH) 由于没有氢原子连接在羟基所在的碳原子上,通常不能被氧化。因此,三级醇在常规条件下不容易发生氧化反应。

2. 还原反应

还原反应是指减少有机分子中的氧含量或增加氢含量。还原反应常用于将羰基化合物 (醛、酮) 还原为醇。

- **醛和酮的还原**:
  - **醛还原为一级醇**: 醛 ($R-CHO$) 在使用还原剂如$LiAlH_4$ (氢化锂铝) 或$NaBH_4$ (氢化硼钠) 时,还原生成一级醇。例如,乙醛还原生成乙醇。

1.4.2 角色扮演之职场导师

指令

例：「我是一名即将毕业的〈教育学专业〉学生，即将步入职场。在这个重要的转折点，我面临许多关于〈职业规划和职场技能〉的疑问。现在你是我的职场导师，请为我提供关于〈职场适应、职业发展策略以及人际沟通技巧〉等方面的指导。我希望得到具体的建议和策略，以帮助我在职场上取得成功。」

说明

即将步入职场的学生可以将 AIGC 工具作为职场导师，向其提问，获得宝贵的职业发展建议和职场技能指导。这种方法特别适合对特定职业或行业有所期待但又没有信心的毕业生。AIGC 工具可以提供实用的职场适应策略、职业发展建议和有效的人际沟通技巧，帮助毕业生更快地适应职场环境，促进他们的职业成长。

示例

我是一名即将毕业的教育学专业学生，即将步入职场。在这个重要的转折点，我面临许多关于职业规划和职场技能的疑问。现在你是我的职场导师，请为我提供关于职场适应、职业发展策略以及人际沟通技巧等方面的指导。我希望得到具体的建议和策略，以帮助我在职场上取得成功。

在你即将步入职场的重要转折点上，职场导师的角色是为你提供支持和指导，帮助你制定职业规划和发展策略。以下是一些建议和策略，帮助你在职场上取得成功：

1. **职场适应：**

   - **了解并尊重公司文化：** 尽快融入公司文化，理解公司的价值观和行为准则。
   - **构建良好的人际关系：** 与同事建立积极的关系，建立合作与信任。
   - **学会有效沟通：** 包括倾听他人、表达清晰和准确地表达自己的想法和观点。

2. **职业发展策略：**

   - **设定明确的职业目标：** 根据自己的兴趣和能力制定短期和长期的职业目标。
   - **持续学习与提升：** 不断学习新知识和技能，保持适应快速变化的职场环境。
   - **主动寻求机会：** 积极参与项目，展示自己的能力和潜力，争取晋升和职业发展机会。

3. **人际沟通技巧：**

   - **建立积极的工作关系：** 与同事、上司和下属建立良好的沟通和合作关系。
   - **学会处理冲突：** 处理冲突时保持冷静，倾听对方意见，寻求共同解决方案。
   - **建立自信：** 相信自己的能力，自信地表达自己的观点和想法。

以上建议和策略旨在帮助你在职场上取得成功。最重要的是，要保持积极的心态和持续学习的态度，与他人建立良好的关系，不断提升自己的能力和技能，才能实现职业发展的目标。祝你在职场上取得成功！

1.4.3 角色扮演之面试官

指令

例:「我是一名即将参加〈人力资源〉职位面试的求职者。为了更好地准备即将到来的面试,我想进行实战练习。现在你是我的面试官,请针对〈人力资源〉职位的要求和特点,提出一系列面试问题,并在我回答后给出反馈和改进建议。这将帮助我提高面试技巧,并对可能出现的问题做更好的准备。」

说明

通过让 AIGC 工具扮演面试官,求职者可以在真实面试前进行有效的模拟练习。这种方法特别适合想要提升面试技巧和自信度的求职者。AIGC 工具可以根据特定职位的要求提出相关的面试问题,并提供反馈和建议。这有助于求职者更好地理解面试官的期望,提高应对面试问题的能力,从而在实际面试中表现得更加出色。

示例

> 我是一名即将参加人力资源职位面试的求职者。为了更好地准备即将到来的面试,我想进行实战练习。现在你是我的面试官,请针对人力资源职位的要求和特点,提出一系列面试问题,并在我回答后给出反馈和改进建议。这将帮助我提高面试技巧,并对可能出现的问题做更好的准备。

> ⊛ 好的,我会为您准备一些人力资源岗位常见的面试问题。请尽量用您的真实经验和观点回答,我会在您回答后给予反馈和改进建议。
>
> 1. 请介绍一下您的人力资源相关背景和经验。
>
> 2. 您是如何保持对人力资源领域最新趋势和法规的了解的?
>
> 3. 在招聘过程中,您是如何确保招聘流程的顺利进行和高效完成的?
>
> 4. 如何处理员工投诉和纠纷,并保持公正和客观?
>
> 5. 您认为在员工培训和发展方面最重要的因素是什么?
>
> 6. 如何评估员工绩效,并提供合适的反馈和发展建议?
>
> 7. 在团队合作中,您是如何处理冲突和促进团队凝聚力的?
>
> 8. 在制定薪酬和福利方案时,您会考虑哪些因素?
>
> 9. 您是如何管理和维护员工档案和信息的安全性?
>
> 10. 如果您在人力资源岗位中遇到困难或挑战,您是如何应对的?
>
> 请根据您的经验回答以上问题。完成后,我将为您提供反馈和改进建议。

1.4.4　角色扮演之心理学家

指令

例：「我是一名〈大学生〉，最近因〈学业压力和人际关系〉问题而感到焦虑。现在你是心理学家，请根据我的情况提供一些建议和策略，帮助我处理这些情绪困扰。我需要具体的方法，比如〈压力管理技巧和改善人际关系〉的建议，以便更好地应对当前的挑战。」

说明

让 AIGC 工具扮演心理学家，学生可以获得情感支持和心理健康建议。这种方法适合面临心理压力和情绪挑战的学生。AIGC 工具可以作为心理学家，提供适合个人情况的建议和策略，帮助学生缓解压力和焦虑，改善人际关系。虽然 AIGC 工具不能替代专业的心理咨询师，但它可以为寻求初步指导和支持的个人提供有用的信息和建议，帮助他们更好地应对心理挑战。

示例

我是一名大学生，最近因学业压力和人际关系问题而感到焦虑。现在你是心理学家，请根据我的情况提供一些建议和策略，帮助我处理这些情绪困扰。我需要具体的方法，比如压力管理技巧和改善人际关系的建议，以便更好地应对当前的挑战。

对于你的学业压力和人际关系问题感到焦虑和压力是很常见的。以下是一些方法可以帮助你处理这些情绪困扰：

1. **压力管理技巧**：

- **时间管理**：制定一个合理的学习计划，合理分配时间，确保有足够的时间来完成任务，并为自己留出休息和放松的时间。
- **放松技巧**：尝试深呼吸、冥想或瑜伽等放松技巧，有助于降低压力水平。
- **锻炼**：进行适量的运动可以释放压力，并提高心理健康。
- **寻求支持**：与家人、朋友或心理健康专业人士分享你的感受，获得支持和理解。

2. **改善人际关系的建议**：

- **有效沟通**：尝试与他人坦诚沟通，表达自己的想法和感受，同时也要倾听对方的意见。
- **设定界限**：学会拒绝过度要求，并保持个人空间和时间。
- **培养支持系统**：建立支持系统，与能够理解你的朋友或家人保持联系，并寻求他们的支持和建议。

3. **寻求专业帮助**：如果你感觉无法独自处理这些问题，可以考虑寻求心理健康专业人士的帮助，如心理咨询师或心理学家。

最重要的是，要给自己时间和空间来处理这些情绪困扰，不要过分苛求自己。每个人都会遇到挑战和困难，重要的是学会应对和适应。

1.4.5 角色扮演之辩论大师

指令

例:「我是〈学校辩论队的一员〉,正在准备即将到来的辩论比赛。现在你是辩论大师,请帮助我提高辩论技巧。请针对我们即将辩论的主题〈"技术发展对社会的影响"〉,提供〈有效的论点构建方法、反驳技巧和演讲策略〉。我还希望〈进行模拟辩论练习〉,以便在实际比赛中有更佳表现。」

说明

AIGC 工具可以作为辩论大师,提供关于如何有效构建论点、回应对手观点以及使用语言技巧的建议。学生可以通过这些指导,了解如何在辩论中更加清晰、有力地表达自己的观点,提高自己的辩论能力。

示例

我是学校辩论队的一员,正在准备即将到来的辩论比赛。现在你是辩论大师,请帮助我提高辩论技巧。请针对我们即将辩论的主题"技术发展对社会的影响",提供有效的论点构建方法、反驳技巧和演讲策略。我还希望进行模拟辩论练习,以便在实际比赛中有更佳表现。

参加辩论比赛是一项很好的挑战,我很乐意帮助你提高辩论技巧。针对技术发展对社会的影响这一主题,你可以考虑以下论点构建方法、反驳技巧和演讲策略:

1. 论点构建方法:

- **正面观点:** 技术发展为社会带来便利和效率。举例说明,在医疗领域,新技术可以拯救更多生命;在交通领域,智能交通系统可以减少交通拥堵和事故。
- **负面观点:** 技术发展可能导致社会问题,如失业问题。举例说明,在自动化取代人力的情况下,许多工人可能失去工作。

2. 反驳技巧:

- 针对反对意见,可以提出技术发展也创造了新的就业机会,比如需要技术专家和工程师来维护和开发新技术。
- 强调技术发展可以提高生活质量,让人们更加便利和舒适,这对社会有积极影响。

3. 演讲策略:

- 在演讲中使用具体的例子和数据来支持你的论点,让观众更容易理解和接受你的观点。
- 注重语言表达和声音语调,在演讲中保持自信和清晰,让观众对你的观点印象深刻。

4. 模拟辩论练习:

- 我们可以进行模拟辩论练习,你可以扮演正方或反方,从而熟悉不同立场的论点和辩论技巧。
- 在模拟辩论中,我们可以互相提出挑战性的问题,以帮助你更好地准备应对各种情况下的辩论。

通过这些方法,你可以更好地准备即将到来的辩论比赛,提高你的辩论技巧和表现水平。

1.4.6 角色扮演之健身教练

指令

例:「我是一名〈大学生〉,最近开始关注身体健康和健身。我目前的目标是〈增强体力、改善体型,并养成健康的饮食习惯〉。现在你是我的健身教练,请根据我的目标提供一个个性化的健身和饮食计划,包括〈具体的锻炼建议(如哪些运动有效)、每周锻炼频率,以及健康饮食的建议〉。我希望通过这个计划,能够有效地提升我的体能,并培养健康的生活习惯。」

说明

让 AIGC 工具扮演健身教练,学生可以获得健身和饮食建议。这种方法适合希望改善体型、增强体力和养成健康饮食习惯的学生。AIGC 工具可以作为健身教练,根据学生的具体目标和需要提供个性化的锻炼和饮食计划。这些建议可以帮助学生更有效地达到他们的健康目标,同时培养健康的生活习惯。虽然 AIGC 工具不能进行实际的健身训练,但它可以提供有用的指导和建议,帮助学生制订合理的健身计划,实现健康目标。

示例

我是一名大学生,最近开始关注身体健康和健身。我目前的目标是增强体力、改善体型,并养成健康的饮食习惯。现在你是我的健身教练,请根据我的目标提供一个个性化的健身和饮食计划,包括具体的锻炼建议(如哪些运动有效)、每周锻炼频率,以及健康饮食的建议。我希望通过这个计划,能够有效地提升我的体能,并培养健康的生活习惯。

很高兴听到你关注身体健康和健身!以下是针对你的目标制定的个性化健身和饮食计划:

健身计划:

1. 每周锻炼频率:

- 建议每周进行至少5次有氧运动,如跑步、骑行或游泳,每次30-45分钟。
- 进行2-3次力量训练,重点在全身大肌肉群,如深蹲、卧推、硬拉等,每次30-45分钟。

2. 有氧运动:

- 有氧运动有助于提高心肺功能和燃烧脂肪,选择适合你的有氧运动,如慢跑、快走、跳绳等。
- 每次进行有氧运动前进行5-10分钟的热身运动,如跑步机上慢跑或动态拉伸。

3. 力量训练:

- 力量训练有助于增强肌肉、改善体型,每周进行2-3次。
- 每次选择3-4种不同的力量训练动作,每种动作做2-3组,每组8-12次。

4. 休息和恢复:

- 每周至少安排1-2天完全休息,让身体充分恢复。
- 睡眠充足,保持每晚7-9小时的睡眠时间。

饮食计划:

1. 健康饮食习惯:

- 每日摄入足够的蛋白质,以帮助肌肉生长和修复。
- 多食用新鲜水果和蔬菜,提供丰富的维生素和矿物质。
- 控制碳水化合物和脂肪的摄入量,选择健康的碳水化合物,如全麦面包、燕麦等,以及健康的脂肪来源,如鱼类、坚果等。

2. 水分摄入:

- 保持足够的水分摄入,每天饮水量应根据个人体重和运动量而定,一般建议每天至少饮水2升。

3. 餐前餐后:

- 避免过量进食,可以采用少量多餐的方式,保持血糖稳定。

1.4.7 角色扮演之美食评论家

指令

例:「我是一名〈热爱烹饪的学生〉,最近我尝试制作了多种不同的菜肴,包括〈中式、意式和墨西哥式料理〉。我希望能够得到专业的反馈来提升我的烹饪水平。现在你是一位经验丰富的美食评论家,请针对我提供的以下对菜肴的描述〈"这道中式红烧牛肉,色泽鲜亮,口感鲜嫩,多汁。炖煮时间把握得当,调味料层次感丰富,香气扑鼻。烹饪过程中控制好火候,确保牛肉入味而保持嫩滑。在摆盘上进行了创意搭配,以提升整体美感"〉,给出你的评价和建议,包括〈调味、烹饪技巧或摆盘等方面〉,以便我改进,从而提升我的烹饪水平。」

说明

通过让 AIGC 工具扮演美食评论家,热爱烹饪的学生可以获得专业的反馈和建议。这种方法适合希望通过练习提高烹饪水平的学生。AIGC 工具可以作为美食评论家,根据学生提供的菜肴描述或照片,提供专业的建议。这些建议包括调味、烹饪技巧、摆盘等方面,帮助学生了解如何改进他们的烹饪作品。虽然 AIGC 工具无法亲自品尝食物,但它可以基于描述和视觉信息提供有价值的反馈。这种互动可以帮助学生了解如何更好地烹制和呈现菜肴,从而在烹饪方面取得进步。

示例

我是一名热爱烹饪的学生,最近我尝试制作了多种不同的菜肴,包括中式、意式和墨西哥式料理。我希望能够得到专业的反馈来提升我的烹饪水平。现在你是一位经验丰富的美食评论家,请针对我提供的以下对菜肴的描述"这道中式红烧牛肉,色泽鲜亮,口感鲜嫩,多汁。炖煮时间把握得当,调味料层次感丰富,香气扑鼻。烹饪过程中控制好火候,确保牛肉入味而保持嫩滑。在摆盘上进行了创意搭配,以提升整体美感",给出你的评价和建议,包括调味、烹饪技巧或摆盘等方面,以便我改进,从而提升我的烹饪水平。

当然,作为一位美食评论家,我很高兴能够为你提供反馈和建议。以下是我对你这道中式红烧牛肉的评价和改进建议:

评价

这道中式红烧牛肉听起来非常诱人,尤其是在色泽、口感和香气方面都有出色的表现。炖煮时间和火候的掌握显然非常到位,确保了牛肉的嫩滑和多汁。调味料的层次感丰富,说明你对调味的理解和使用非常得当。摆盘上你也有意进行了设计,提升了整体的视觉美感。

改进建议

1. 调味改进:
   - **糖和酱油的比例**: 红烧牛肉的关键是糖和酱油的比例。如果你还没有尝试过,可以稍微调整一下这两者的比例,找到更适合你个人口味的甜咸平衡。
   - **香料添加**: 除了基础的调味料,尝试加入一些八角、桂皮或者香叶,可以进一步丰富味道层次。

2. 烹饪技巧:
   - **焯水技巧**: 在炖煮之前,可以先将牛肉焯水,这样可以去除牛肉中的血水和杂质,减少腥味,使成品更加纯净。
   - **火候控制**: 你已经很好地掌握了火候,但可以在初期用大火将调料炒香后,再转小火慢炖。这样能够更好地锁住牛肉的鲜美。

3. 摆盘建议:
   - **颜色对比**: 可以尝试在摆盘时加入一些颜色对比强烈的蔬菜,如红椒、青椒或者一些青菜,增加视觉冲击力。
   - **层次摆放**: 牛肉可以放在盘子的中心,然后周围放上烤好的土豆或者胡萝卜片,增加摆盘的层次感和丰富度。

1.4.8 角色扮演之编剧

指令

例:「我是一名〈热衷戏剧和电影创作的学生〉,目前正在尝试撰写我的第一个剧本。剧本主题是〈现代都市生活的挑战和人际关系〉。现在你是一位经验丰富的编剧,请根据我的剧本主题提供指导和建议,比如〈如何构建角色、设置发展情节和创造引人入胜的对话〉。此外,如果可以的话,请提供一些〈有关描写现代都市背景的技巧〉。」

说明

通过让 AIGC 工具扮演编剧,对戏剧和电影创作感兴趣的学生可以获得专业的指导和建议。这种方法适合正在撰写剧本或希望提升剧作技巧的学生。AIGC 工具可以作为编剧,基于学生的剧本主题提供有关角色构建、情节发展和对话创作的建议。这些建议可以帮助学生完善他们的剧本,使剧本更加生动和吸引人。

示例

我是一名热衷戏剧和电影创作的学生,目前正在尝试撰写我的第一个剧本。剧本主题是现代都市生活的挑战和人际关系。现在你是一位经验丰富的编剧,请根据我的剧本主题提供指导和建议,比如如何构建角色、设置发展情节和创造引人入胜的对话。此外,如果可以的话,请提供一些有关描写现代都市背景的技巧。

写作剧本是一项充满创意但也具有挑战性的任务。以下是一些具体的建议,帮助你构建角色、发展情节和创造引人入胜的对话,以及描写现代都市背景的技巧:

角色构建

1. **多维度角色**:确保每个角色都有多重维度和背景故事。每个人都有自己的欲望、恐惧、弱点和强项,这些元素可以增加角色的深度。例如,主角可能是一位在职场上努力奋斗的年轻人,同时还在处理家庭和人际关系上的挑战。

2. **角色弧线**:每个主要角色都应该有一个发展的弧线,他们在剧本的过程中应该有成长或变化。思考他们在故事开始时的位置,以及他们在故事结束时的位置。

3. **动机和目标**:明确每个角色的动机和目标。他们为什么做他们正在做的事情?他们希望通过这些行动达到什么目的?清晰的动机会帮助你塑造可信的情节。

情节发展

1. **紧张和冲突**:有效的故事离不开冲突和紧张。可以设计不同类型的冲突,如内心冲突(角色内部的矛盾)、人际冲突(角色之间的矛盾)、以及外部冲突(角色与外部环境的矛盾)。

2. **情节点**:在剧本的关键位置设置情节点,推动故事向前发展。通常有三个主要的情节点:第一幕结束的情节点、第二幕中间的情节点和第二幕结束的情节点。每个情节点都应该带来新的挑战和机会。

3. **节奏控制**:注意故事的节奏,不要让情节过于拖沓。适当的节奏变化能保持观众的兴趣。可以通过快速发展的情节和缓慢的情感发展交替进行来实现这一点。

对话创作

1. **自然对话**:对话应该自然且符合角色的性格和背景。避免过于文学化或刻意的表达。多听取真实生活中的对话,捕捉人们如何在不同情境下交流。

2. **潜台词**:优秀的对话常常包含潜台词,即角色未说出口但观众可以感受到的内容。通过语调、间隔和身体语言表达潜在的情感和动机。

3. **个性化语言**:不同的角色应有不同的说话风格和习惯。某些角色可能喜欢使用短句和俚语,而另一些角色可能更正式和冗长。

1.4.9 角色扮演之烹饪专家

指令

例：「我是一名〈对烹饪充满热情的学生〉，最近在尝试制作各种国际美食，包括〈亚洲、欧洲和中东地区〉的菜肴。我希望能够提升我的烹饪技能，尤其是在〈调味和食材搭配〉方面。现在你是一位烹饪专家，请就如何制作美味的欧洲菜肴，给出你的建议和指导，比如〈如何平衡不同的味道、选择合适的食材，以及如何提升菜肴的整体味道和外观〉。」

说明

通过让 AIGC 工具扮演烹饪专家，对烹饪感兴趣的学生可以获得专业的建议和指导，从而提升自己的烹饪技能。这种方法适合希望探索美食并提高烹饪水平的学生。AIGC 工具可以作为烹饪专家，根据学生的描述，提供关于调味、食材选择和菜肴呈现的建议和指导。这些建议和指导可以帮助学生更好地理解不同地域的烹饪技巧，以及如何创造出既美味又具有视觉吸引力的菜肴。

示例

我是一名对烹饪充满热情的学生，最近在尝试制作各种国际美食，包括亚洲、欧洲和中东地区的菜肴。我希望能够提升我的烹饪技能，尤其是在调味和食材搭配方面。现在你是一位烹饪专家，请就如何制作美味的欧洲菜肴，给出你的建议和指导，比如如何平衡不同的味道、选择合适的食材，以及如何提升菜肴的整体味道和外观。

制作美味的欧洲菜肴需要注重食材的新鲜度、调味的平衡以及烹饪技巧的掌握。以下是一些具体的建议和指导，帮助你提升烹饪技能，特别是调味和食材搭配方面：

1. 食材选择

- **新鲜食材**：欧洲菜肴强调使用新鲜的当地食材。尽量选择季节性食材，这不仅能提升菜肴的风味，还能确保营养丰富。
- **优质蛋白质**：如牛肉、猪肉、羊肉、鱼类和海鲜，选择新鲜且品质高的蛋白质，确保烹饪出来的菜肴口感鲜美。
- **蔬菜和香草**：如番茄、洋葱、大蒜、胡萝卜、香芹、迷迭香、百里香和欧芹等，这些都是欧洲菜肴中常用的食材和调味料。

2. 调味平衡

- **盐与酸**：在欧洲烹饪中，盐和酸是非常重要的调味剂。适量的盐能提升食材的本味，而柠檬汁、红酒醋或白葡萄酒等酸味调料能增加层次感。
- **甜与苦**：糖和蜂蜜可以用来平衡菜肴中的苦味或酸味。例如，意大利的传统甜点提拉米苏就巧妙地利用了苦味的咖啡和甜味的马斯卡彭奶酪。
- **香料与香草**：迷迭香、百里香、欧芹、罗勒和香芹等香草能为菜肴增添独特的香气和风味。

3. 烹饪技巧

- **慢炖**：许多欧洲菜肴，尤其是法国和意大利菜，采用慢炖的方法，这能让食材充分入味，肉质变得嫩滑。例如，法国的炖牛肉（Boeuf Bourguignon）需要长时间慢炖，使肉质变得酥烂，酱汁浓郁。
- **煎烤**：煎烤是欧洲菜肴中常见的烹饪方法，能保留食材的鲜美和营养。掌握火候和时间的控制，如意大利的煎海鲈鱼，外皮酥脆，肉质鲜嫩。
- **烘焙**：面包和甜点是欧洲美食的重要组成部分，掌握烘焙技巧能制作出各种美味的面包和糕点。注意烘焙温度和时间的控制，如法国的可颂面包需要多次折叠和长时间发酵。

4. 提升菜肴整体味道和外观

- **摆盘技巧**：精致的摆盘能提升菜肴的视觉效果，增强食欲。可以借鉴欧洲高端餐厅的摆盘风格，将食材有序地摆放在盘中，注意颜色的搭配和层次感。
- **配菜和酱汁**：合理搭配配菜和酱汁，不仅能提升主菜的味道，还能增加菜肴的整体层次。如意大利的青酱（Pesto）和法国的荷兰酱（Hollandaise）都是经典的酱汁，能为菜肴增色不少。
- **装饰**：适当的装饰能为菜肴增添美感和趣味。可以用新鲜的香草、食用花朵或切片水果进行点缀。

1.4.10 生成美食画作

指令

例:「我想生成一幅描绘〈意大利美食〉的画,这幅画展示的是〈一盘撒有新鲜罗勒叶、橄榄油和蔬菜(如番茄、黑橄榄、蘑菇等)的意大利面。背景可以是一个典型的意大利餐厅,有红白格子桌布和一个小酒瓶〉。我希望〈这幅画是现实而生动的,能够突出食物的质感和色彩,让人看了垂涎欲滴〉。」

说明

根据学生描述的具体的美食元素、环境背景和期望的画风,AIGC 工具可以生成既符合他们口味又反映他们艺术偏好的画作。这不仅能够丰富学生的艺术体验,还能够激发他们对不同文化和美食的兴趣。通过让 AIGC 工具生成这样的画作,学生可以在视觉上欣赏美食的魅力,同时也可以激发对不同美食的兴趣。

示例

我想生成一幅描绘意大利美食的画,这幅画展示的是一盘撒有新鲜罗勒叶、橄榄油和蔬菜(如番茄、黑橄榄、蘑菇等)的意大利面。背景可以是一个典型的意大利餐厅,有红白格子桌布和一个小酒瓶。我希望这幅画是现实而生动的,能够突出食物的质感和色彩,让人看了垂涎欲滴。

1.4.11　角色扮演之销售员

指令

例:「我目前正在学习〈销售和市场营销〉。我需要了解实际的销售技巧,尤其是在〈产品演示、客户沟通和闭单技巧〉方面。现在你是一位经验丰富的销售员,请根据我即将销售的产品(比如〈电子产品、健康食品或时尚服饰〉)提供具体的销售策略和技巧。我需要的是实用的建议,比如〈吸引客户注意、应对客户疑问和异议、完成销售的技巧〉。我希望通过这些建议,在我的销售实习和未来的职业生涯中取得成功。」

说明

通过让 AIGC 工具扮演销售员,学生可以获得销售技巧和策略,帮助他们在销售实习和未来的职业生涯中取得成功。这种方法适合正在学习销售和市场营销的学生,特别是希望在实际销售环境中应用所学知识的学生。AIGC 工具可以作为销售员,提供关于产品演示、客户沟通和闭单技巧的实用建议。这些建议可以帮助学生了解如何有效地吸引客户和保持客户的兴趣,如何应对客户的疑问和异议,以及如何成功地完成销售。

示例

我目前正在学习销售和市场营销。我需要了解实际的销售技巧,尤其是在产品演示、客户沟通和闭单技巧方面。现在你是一位经验丰富的销售员,请根据我即将销售的产品(比如电子产品、健康食品或时尚服饰)提供具体的销售策略和技巧。我需要的是实用的建议,比如吸引客户的注意、处理客户疑问和异议、完成销售的技巧。我希望通过这些建议,在我的销售实习和未来的职业生涯中取得成功。

> 当然,作为一名经验丰富的销售员,我会为你提供具体的销售策略和技巧,帮助你在销售实习和未来职业生涯中取得成功。以下是针对电子产品、健康食品和时尚服饰的销售策略和技巧:
>
> **一、电子产品销售策略**
>
> **1. 产品演示**
> - **了解产品**: 首先,你需要对你销售的电子产品有深入的了解,包括其功能、特点、优势以及与竞争产品的区别。
> - **实际操作演示**: 现场展示产品的功能和优势。通过互动演示,让客户亲身体验产品的性能和便利性。例如,演示一款智能手机的高分辨率相机、快速充电功能等。
>
> **2. 客户沟通**
> - **建立信任**: 在与客户沟通时,保持专业、热情和诚恳,建立良好的第一印象。询问客户的需求和偏好,针对性地介绍产品。
> - **提问与倾听**: 通过询问客户对电子产品的具体需求(如电池续航、处理器速度等),了解他们的购买动机和痛点,从而有针对性地推荐产品。
>
> **3. 闭单技巧**
> - **解决异议**: 针对客户提出的疑问和异议,如价格、功能等,提供详细解释和有力证据,展示产品的性价比和独特卖点。
> - **提供优惠**: 在客户有购买意向时,可以适当提供一些优惠或附加服务,如免费送货、延保服务等,促使客户立即下单。
>
> **二、健康食品销售策略**
>
> **1. 产品演示**
> - **试吃体验**: 健康食品的销售可以通过试吃活动让客户亲身体验产品的味道和效果,增强他们的购买信心。
> - **健康讲座**: 组织健康讲座或小型沙龙,邀请营养师或健康专家讲解产品的健康益处,增加客户的信任感和认同感。

1.4.12　角色扮演之新闻记者

指令

例：「我是一名〈新闻专业的学生〉，正在为即将到来的实习做准备。我将参与报道一系列事件，包括〈社会新闻、文化活动和政治事件〉。现在你是一位经验丰富的新闻记者，请针对以上三个方面，提供具体的指导。我需要了解〈如何有效收集信息、撰写引人入胜的报道，以及确保报道的准确性和公正性〉。」

说明

AIGC 工具可以作为新闻记者，提供关于信息收集、报道写作以及确保报道准确性和公正性的建议。这些指导可以帮助学生学习如何收集信息，撰写吸引人的新闻报道，确保报道的准确性和客观性。

示例

我是一名新闻专业的学生，正在为即将到来的实习做准备。我将参与报道一系列事件，包括社会新闻、文化活动和政治事件。现在你是一位经验丰富的新闻记者，请针对以上三个方面，提供具体的指导。我需要了解如何有效收集信息、撰写引人入胜的报道，以及确保报道的准确性和公正性。

> 作为一名新闻专业的学生即将踏入实习岗位，你的任务涉及社会新闻、文化活动和政治事件的报道，这是一项充满挑战但也非常有价值的工作。以下是一些具体的建议和技巧，帮助你在这三个领域中进行有效的信息收集、写作引人入胜的报道，并确保报道的准确性和公正性。
>
> **信息收集**
>
> **社会新闻**
>
> 1. **建立关系网**：与当地社区、警察局、医院、非政府组织等建立良好的关系，这些地方往往是社会新闻的重要信息来源。
> 2. **现场采访**：尽可能亲自前往事件发生现场，进行第一手资料的采集。与目击者、受害者、专家等进行面对面采访。
> 3. **利用社交媒体**：社交媒体平台是快速获取最新信息的好地方。关注相关的新闻账号、话题标签，并注意网友的反馈和评论。
>
> **文化活动**
>
> 1. **了解背景**：在报道文化活动前，深入了解活动的背景信息，包括主办方、历史背景、参与者等。
> 2. **与组织者联系**：提前联系活动的组织者，获取媒体通行证、采访权限和活动日程表。
> 3. **预先准备**：了解演出、展览、活动的内容和亮点，以便在现场能够迅速捕捉到重要的细节。
>
> **政治事件**
>
> 1. **研究政策**：深入了解相关的政治背景和政策，以便在报道时能够提供有深度的分析。
> 2. **与官方渠道联系**：建立与政府部门、政党代表和新闻发言人的联系，获取官方的新闻发布和声明。
> 3. **保持中立**：在政治报道中，特别注意保持客观中立，不偏向任何一方。
>
> **写作技巧**
>
> 1. **引人入胜的开头**：每篇报道都应该有一个吸引人的开头，可能是一个令人震惊的事实、一段生动的描写或一个引人深思的提问。
> 2. **简洁明了**：尽量使用简洁明了的语言，避免复杂的句子结构和冗长的描述。让读者能够快速理解报道的核心内容。
> 3. **叙事技巧**：利用叙事技巧，使报道更具可读性。通过讲述故事的方式，将读者带入事件的场景中。

1.4.13　角色扮演之演说家

指令

例:「我是一名〈大学生〉,正在准备一个重要的演讲比赛。我的演讲主题涉及〈当代社会问题〉。我希望能够提升我的演讲能力,特别是在〈吸引听众、表达清晰和有效使用语言〉方面。现在你是一位经验丰富的演说家,请根据我的演讲主题提供一系列演讲技巧和策略,包括〈如何构建有说服力的论点、保持演讲的连贯性,以及有效地与听众互动〉。」

说明

通过让 AIGC 工具扮演演说家,学生可以学习和练习演讲,特别是在准备参加演讲比赛或公开发言时。这种方法适合希望提高公众演讲能力的学生。AIGC 工具可以作为演说家,提供有关如何构建有说服力的论点、保持演讲连贯性以及与听众有效互动的建议。这些技巧和策略可以促使学生更加自信,演讲更有说服力,从而提高学生吸引听众注意和传达信息的能力。

示例

我是一名大学生,正在准备一个重要的演讲比赛。我的演讲主题涉及当代社会问题。我希望能够提升我的演讲能力,特别是在吸引听众、表达清晰和有效使用语言方面。现在你是一位经验丰富的演说家,请根据我的演讲主题提供一系列演讲技巧和策略,包括如何构建有说服力的论点、保持演讲的连贯性,以及有效地与听众互动。

准备演讲比赛是一个提升演讲技巧的绝佳机会。以下是一些有用的策略和技巧,帮助你在演讲中脱颖而出:

一、构建有说服力的论点

1. **明确主题和目标**:确定你的演讲核心主题和目标,例如你想让听众认同你的观点、采取某种行动或思考某个问题。
2. **研究与准备**:深入研究你的主题,收集有力的数据、案例和专家意见,以支持你的论点。
3. **结构清晰**:采用经典的演讲结构:引言、主体、结论。每个部分都要明确、逻辑清晰。
   - **引言**:开场要吸引注意,可以用一个有趣的故事、引人深思的事实或名言。
   - **主体**:分三到四个主要论点,每个论点用具体的例子和数据支持。
   - **结论**:总结要点,重申核心观点,并给出一个有力的结尾,呼吁听众采取行动或进行反思。

二、保持演讲的连贯性

1. **逻辑连接**:使用过渡句来连接各个部分,使演讲流畅。例如,"接下来我们来看一个更具体的例子……"。
2. **一致性**:确保你的演讲风格、语气和节奏保持一致,不要突然改变语调或讲述方式。
3. **重点重申**:在每个主要部分结束时,简短地重申一下这一部分的要点,以帮助听众记住。

三、有效地与听众互动

1. **目光接触**:与听众保持目光接触,增强互动感。不要只盯着某一处或某一人。
2. **提问互动**:通过提问引导听众思考,可以是修辞性问题或邀请观众参与讨论的问题。
3. **肢体语言**:使用手势和移动来强调重点,但要自然,不要过于夸张。
4. **调整语速和音调**:通过变化语速和音调来保持听众的兴趣。重要的部分可以放慢语速,重音部分可以提高音调。
5. **回应反馈**:注意听众的反应,及时调整自己的表达。如果发现听众失去兴趣,可以通过讲述一个故事或提问来重新吸引注意力。

四、语言的有效使用

1. **简洁明了**:使用简洁的语言表达复杂的概念,避免长句和专业术语。

1.4.14　角色扮演之画家

指令

例:「我是一名绘画专业的大学生,现需以"〈都市生活的孤独〉"为主题进行绘画。请帮我构思一幅画,画面呈现〈一个都市场景,场景中有一位独自坐在长椅上的年轻人,他的四周是高耸的现代化建筑和干净的都市街道〉。我希望这幅画能够〈用对比鲜明的色彩表达"孤独"的主题,同时体现出独特的艺术风格〉。」

说明

对于绘画专业的大学生来说,用 AIGC 工具辅助构思和设计画作是一种具有创造性的方法。AIGC 工具能提供创意、建议,也能帮助学生在色彩、构图和风格上做出选择。

示例

我是一名绘画专业的大学生,现需以"都市生活的孤独"为主题进行绘画。请帮我构思一幅画,画面呈现一个都市场景,场景中有一位独自坐在长椅上的年轻人,他的四周是高耸的现代化建筑和干净的都市街道。我希望这幅画能够用对比鲜明的色彩表达"孤独"的主题,同时体现出独特的艺术风格。

1.4.15 大学专业选择

指令

例:「我是一名即将进入大学的学生,正面临专业选择的难题。我对〈经济学和计算机科学〉都很感兴趣,但不确定哪个更适合我。我需要了解这两个专业的〈课程内容、就业前景和未来趋势〉,以帮助我做出决定。请你提供相关信息,并给出建议。」

说明

利用 AIGC 工具进行大学专业选择,学生可以更全面地了解不同学科的特点和发展趋势,从而做出更符合个人兴趣和职业目标的选择。通过获取与专业相关的详细信息,学生能够更明智地规划自己的学术道路和未来职业,这个方法特别适合对专业选择犹豫不决的学生。

示例

我是一名即将进入大学的学生,正面临专业选择的难题。我对经济学和计算机科学都很感兴趣,但不确定哪个更适合我。我需要了解这两个专业的课程内容、就业前景和未来趋势,以帮助我做出决定。请你提供相关信息,并给出建议。

选择专业是一个重要且个人化的决定。经济学和计算机科学都有各自的优势和发展前景。以下是对这两个专业的课程内容、就业前景和未来趋势的详细介绍及建议:

经济学

课程内容

1. **微观经济学**: 研究个体经济单位 (如消费者、企业) 如何决策。
2. **宏观经济学**: 研究整体经济现象,如通货膨胀、失业、经济增长。
3. **计量经济学**: 使用统计方法分析经济数据。
4. **金融经济学**: 研究金融市场和金融工具。
5. **发展经济学**: 关注发展中国家的经济问题。
6. **国际经济学**: 研究国际贸易和国际金融。

就业前景

1. **金融行业**: 包括银行、投资公司、保险公司等。
2. **政府和公共部门**: 从事政策分析、统计和经济预测。
3. **咨询公司**: 提供经济咨询和分析服务。
4. **学术和研究机构**: 从事经济研究和教学工作。

未来趋势

1. **大数据和经济分析**: 数据分析在经济学中的应用日益增多。
2. **行为经济学**: 研究心理因素对经济决策的影响。
3. **绿色经济**: 关注环境保护与经济发展的平衡。

计算机科学

课程内容

1. **编程基础**: 学习各种编程语言 (如Python, Java, C++) 。
2. **数据结构和算法**: 研究数据组织和问题解决方法。
3. **操作系统**: 了解计算机系统的基本操作。
4. **数据库系统**: 学习数据存储和管理。

1.4.16　职业指导

指令

例：「我是一名〈大学毕业生〉，正在规划自己的职业。我对〈市场营销和数据分析〉都很感兴趣，但我不确定哪个更适合我。我需要了解这两个行业的〈工作内容、职业发展路径和所需技能〉，以便做出明智的职业选择。请你提供相关信息，并根据我的教育背景给出职业发展建议。」

说明

让 AIGC 工具对自己的职业选择做出指导，学生可以更好地了解不同职业的特点，以及如何根据自己的技能进行职业规划。AIGC 工具通过提供详细的行业信息和个性化的建议，帮助学生探索和确定适合自己的职业路径。这种方法特别适合面临职业选择困难或希望深入了解特定行业的人士。

示例

我是一名大学毕业生，正在规划自己的职业。我对市场营销和数据分析这两个行业都很感兴趣，但我不确定哪个更适合我。我需要了解这两个行业的工作内容、职业发展路径和所需技能，以便做出明智的职业选择。请你提供相关信息，并根据我的教育背景给出职业发展建议。

了解市场营销和数据分析这两个行业的工作内容、职业发展路径和所需技能，可以帮助你做出明智的职业选择。以下是详细的信息：

市场营销

工作内容：

1. **市场研究与分析：** 了解市场需求、竞争对手和客户行为，进行市场调研。
2. **品牌管理：** 维护和提升品牌形象，制定品牌战略。
3. **广告与促销：** 设计和执行广告活动，通过各种渠道推广产品或服务。
4. **产品开发：** 根据市场需求开发新产品或改进现有产品。
5. **客户关系管理：** 维护与客户的良好关系，提高客户满意度和忠诚度。

职业发展路径：

1. **初级市场专员：** 主要负责市场调研和基础推广工作。
2. **市场经理：** 负责制定和执行市场战略，管理市场团队。
3. **品牌经理：** 专注于品牌管理和品牌推广。
4. **市场总监：** 负责整个公司的市场策略和市场部门的管理。
5. **首席市场官（CMO）：** 公司高层，全面负责市场营销战略。

所需技能：

1. **沟通能力：** 能够清晰表达想法，与团队和客户有效沟通。
2. **创造力：** 设计独特的市场活动和广告创意。
3. **数据分析能力：** 能够分析市场数据，了解市场趋势。
4. **项目管理能力：** 规划和管理市场活动，确保按时完成。
5. **协作能力：** 与不同部门合作，共同实现市场目标。

数据分析

工作内容：

1. **数据收集与清洗：** 收集和整理数据，确保数据质量。
2. **数据分析：** 使用统计方法和分析工具（如Python、R、SQL）分析数据。
3. **数据可视化：** 将数据分析结果以图表和报告形式展示。
4. **预测与建模：** 建立数据模型，进行预测和决策支持。
5. **业务洞察：** 通过数据分析提供业务建议，支持战略决策。

1.4.17 时间管理协助

指令

例：「我是〈一名大学生〉，最近发现自己在时间管理上存在困难。我需要在〈学习、兼职工作和社交活动〉之间找到平衡，有效安排时间。我需要一些具体的时间管理技巧和策略，比如〈如何制订有效的学习计划，如何进行任务优先级排序，以及如何避免拖延〉。请你提供这些方面的建议，并帮助我制订一个合理的日常时间管理计划。」

说明

让 AIGC 工具进行时间管理协助，学生可以获得有效的策略和建议来改善日常时间安排。这种方法特别适合在学习、工作和生活之间挣扎的学生，可帮助他们提高时间管理技能，从而提升学习效率和生活质量。通过制订合理的时间管理计划，学生能够更好地平衡各项任务，降低压力，实现个人目标。

示例

我是一名大学生，最近发现自己在时间管理上存在困难。我需要在学习、兼职工作和社交活动之间找到平衡，有效安排时间。我需要一些具体的时间管理技巧和策略，比如如何制订有效的学习计划，如何进行任务优先级排序，以及如何避免拖延。请你提供这些方面的建议，并帮助我制订一个合理的日常时间管理计划。

時間管理对于大学生来说确实很重要，尤其是在面对学习、工作和社交等多方面的压力时。以下是一些时间管理的技巧和策略，希望对你有所帮助：

1. 制定明确的目标：确保你知道每天的主要目标是什么，这有助于你集中精力并有效利用时间。

2. 制定优先级：将任务按重要性和紧急性分类，优先处理重要且紧急的任务，然后再处理其他任务。

3. 制定计划：每天早晨或前一天晚上，制定一个详细的时间表，包括学习时间、工作时间、社交时间等。遵守这个计划，并根据需要进行调整。

4. 避免拖延：将任务分解为更小的部分，逐步完成，避免一次性完成所有任务的压力。

5. 学会说不：如果你的时间已经很紧张，就要学会拒绝一些不重要的社交活动或额外的工作任务。

6. 利用碎片时间：合理利用零散时间，比如在公交车上、等待时，可以看一些课外书籍或复习资料。

7. 设定奖励机制：完成任务后，给自己一些小奖励，这有助于激励你更好地管理时间。

以下是一个合理的日常时间管理计划示例：

- 早晨: 7:00 - 8:00: 起床、晨练、早餐
- 学习时间: 8:00 - 12:00: 上课、自习、完成作业
- 午餐时间: 12:00 - 13:00: 午餐、休息
- 兼职工作时间: 13:00 - 17:00: 工作、处理工作任务
- 晚间时间: 17:00 - 19:00: 晚餐、休息、社交活动
- 学习时间: 19:00 - 22:00: 复习、预习、学习新知识
- 休闲时间: 22:00 - 23:00: 放松、娱乐、准备睡觉

这只是一个示例，你可以根据自己的实际情况进行调整。记得要灵活应对，根据实际情况随时调整计划。

第2章 生活篇

2.1 创意生活

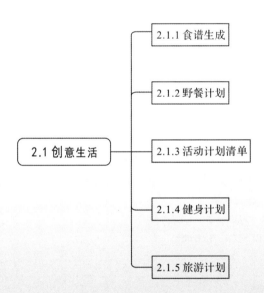

```
                              ┌─────────────────┐
                              │ 2.1.1 食谱生成   │
                              └─────────────────┘

                              ┌─────────────────┐
                              │ 2.1.2 野餐计划   │
                              └─────────────────┘

┌──────────────┐              ┌─────────────────┐
│ 2.1 创意生活  │──────────────│ 2.1.3 活动计划清单 │
└──────────────┘              └─────────────────┘

                              ┌─────────────────┐
                              │ 2.1.4 健身计划   │
                              └─────────────────┘

                              ┌─────────────────┐
                              │ 2.1.5 旅游计划   │
                              └─────────────────┘
```

2.1.1 食谱生成

指令

例：「请你作为一名〈专业的家庭料理师〉，帮我制作一份适合〈四口之家的家庭食谱〉，需要同时满足〈两名 12 岁以下小朋友的成长需求和两名 40 岁成人的健康需求〉，包含〈一日三餐〉，时间长度为〈一周〉，食谱中要包含〈胡萝卜、菠菜、紫甘蓝、鲫鱼、西红柿、乌鸡、鸡蛋〉等主要食材。」

说明

AIGC 工具可以生成多样化的创新食谱。它能够结合食材、烹饪方法和调味品，生成新颖的和有独特风味的食谱。可以向 AIGC 工具详细说明自己的口味偏好、饮食习惯和可用食材，然后从 AIGC 工具提供的内容中获取个性化的食谱建议。

示例

请你作为一名专业的家庭料理师，帮我制作一份适合四口之家的家庭食谱，需要同时满足两名 12 岁以下小朋友的成长需求和两名 40 岁成人的健康需求，包含一日三餐，时间长度为一周，食谱中要包含胡萝卜、菠菜、紫甘蓝、鲫鱼、西红柿、乌鸡、鸡蛋等主要食材。

当为四口之家设计食谱时，需要考虑到小朋友的成长需求和成人的健康需求。以下是一份包含胡萝卜、菠菜、紫甘蓝、鲫鱼、西红柿、乌鸡、鸡蛋等主要食材的一周食谱：

周一

早餐：蔬菜鸡蛋卷
- 鸡蛋卷中加入细切的菠菜和胡萝卜丝

午餐：鲫鱼汤面
- 鲫鱼汤中加入切块的胡萝卜、西红柿和紫甘蓝
- 配上全麦面条

晚餐：烤鸡胸肉配蒸菠菜
- 鸡胸肉用少量橄榄油、大蒜和香草烤制
- 用蒸锅蒸熟菠菜，淋上柠檬汁

周二

早餐：乌鸡粥
- 使用乌鸡熬制粥，加入胡萝卜和一些鸡蛋丝

午餐：炒紫甘蓝和鸡肉
- 将鸡肉和切片的紫甘蓝一起炒制
- 加入少量酱油和姜

晚餐：番茄意大利面
- 用西红柿、大蒜和香草制作番茄酱
- 将煮熟的意大利面拌入酱料

2.1.2 野餐计划

指令

例:「我打算〈本周末在公园的草坪与好朋友们进行一次野餐〉,我们一共是〈10〉人。请你帮我们计划需要准备的东西,总结注意事项。请把相关事宜列成表格,如果需要购买一些〈专业野炊工具〉,请你在表格的最后把大致价格标注出来。」

说明

AIGC 工具可以帮助你组织野餐活动,但是最好提供给它时间、地点、人数等具体信息。如果你希望在野餐中开展一些小活动,AIGC 工具也可以提供建议,如游戏、活动、音乐等,这些小活动可使野餐有趣而丰富。如果有人有特殊情况,比如食物过敏、身体健康问题等,AIGC 工具可以帮助你处理这些问题,以确保每个人都能有愉悦的野餐体验。

示例

我打算本周末在公园的草坪与好朋友们进行一次野餐,我们一共是 10 人。请你帮我们计划需要准备的东西,总结注意事项。请把相关事宜列成表格,如果需要购买一些专业野炊工具,请你在表格的最后把大致价格标注出来。

当然可以! 以下是你野餐计划所需的东西以及注意事项的表格:

需要准备的物品	备注
毯子或野餐垫	用于坐在草坪上
野餐篮或冷藏袋	用于携带食物和饮料
食物和饮料	比如三明治、水果、饮料等
纸盘、纸杯、餐具	方便食用和清理
湿巾或纸巾	用于擦手和清理
垃圾袋	用于收集垃圾
防晒霜和防蚊液	保护皮肤免受紫外线和蚊虫侵扰
音乐播放器	带上一些轻松的音乐增添氛围
防水地带	防止湿气渗透到坐垫上
小提琴或其他娱乐设备	带上一些娱乐项目,让大家共度欢乐时光

注意事项:

1. **垃圾处理:** 请大家保持公园的清洁,垃圾要分类投放到垃圾袋中,带走自己的垃圾。

2. **安全第一:** 注意公园的规定,不要在禁止区域野餐,确保大家在活动中都能保持安全。

3. **天气预报:** 提前查看天气预报,根据天气情况做好防晒或防雨等准备。

购买的专业野炊工具及价格估算:

- **折叠野餐桌和椅子套装:** ¥300-¥500

- **便携式烧烤架:** ¥150-¥300

- **冰桶或保温箱:** ¥100-¥200

- **防风防水野餐毯:** ¥50-¥100

以上价格仅供参考,实际价格可能根据品牌和购买地区有所不同。希望你们有一个愉快的野餐活动!

2.1.3　活动计划清单

指令

例：「我要〈一月一日在万豪酒店举办一场生日会〉，〈生日〉当天一共会有〈20〉人来参加。请你作为一名〈活动策划人〉，帮我列出本次〈生日会〉的全部流程、所需的准备和要注意的细节。为方便查看，请你以表格的形式列出。」

说明

AIGC工具可以帮助学生整理思路，将活动的各个方面明确列出，确保不遗漏重要的细节。你可以与AIGC工具交流，让其帮助你明确目标、确定活动的主题和目的。你可与AIGC工具讨论活动的各个任务，将大的任务拆解为小的可执行任务，这有助于更好地组织和分配工作，确保每个任务都得到妥善处理。

示例

> 我要一月一日在万豪酒店举办一场生日会，生日当天一共会有20人来参加。请你作为一名活动策划人，帮我列出本次生日会的全部流程、所需的准备和要注意的细节。为方便查看，请你以表格的形式列出。

当然，我很乐意帮助您策划这场生日会。以下是一个简单的表格，包括了生日会的流程、资源准备和一些注意细节。请注意，具体的细节可能需要与酒店协商，以确保一切顺利。

阶段	任务/活动	负责人	准备细节和注意事项
前期准备	预订场地	您	提前与万豪酒店联系，确保能够在一月一日预订到合适的场地。
	发送邀请函	您	制作并发送生日会邀请函，包括时间、地点、Dress Code等信息。请确保邀请函中包含RSVP（请回复）信息，以便可以准确了解到场人数。
	安排交通和停车事宜	酒店	与酒店协商提供客人的停车服务，并提供交通指南。
活动当天	接待和注册	酒店	确保在活动开始前有专人负责接待和注册，向客人提供欢迎包。
	装饰和布置会场	酒店	与酒店协商布置主席台、餐桌和会场，确保生日氛围浓厚。
	音响设备和音乐选择	酒店	与酒店确认音响设备是否齐全，提前提供生日歌单或者与客人协商音乐喜好。
	美食准备	酒店	与酒店协商生日蛋糕、饮品和餐点的准备，确保有足够的食物满足20人的需求。
	活动节目安排	您	安排一些生日游戏、节目或者嘉宾演出，确保活动有趣而不枯燥。
	生日祝福仪式	您	安排一段特别的生日祝福仪式，例如亲友祝愿、点蜡烛、共同唱生日歌等，让jar安排
后期整理	照片和视频记录	酒店	请酒店提供摄影和录像服务，以记录下这个特殊的一天。
	遗失物品处理	酒店	安排酒店人员负责处理遗失物品，并提供客户服务信息。
	反馈收集	您	在活动结束后，向参与者收集反馈，以便未来活动的改进。
	结算费用	酒店	确保在生日会结束后结算所有费用，并与酒店核对账单。

这只是一个简单的框架，具体细节还需根据您的具体需求和酒店的政策进行调整。希望您的生日会圆满成功！

2.1.4　健身计划

指令

例:「我目前〈22〉岁,健康状况〈优良〉,〈但是体脂较高〉。请你作为一名〈从业 10 年具有丰富经验的健身教练〉,帮我制订一个为期〈21〉天的健身计划,要求计划中包括定制的三餐饮食、健康的作息安排、适当的运动时间。」

说明

AIGC 工具可以根据你提供的信息(如年龄、身体状况、健康目标、运动经验等)生成个性化的健身建议,例如特定运动、饮食计划、身体恢复等方面的建议。这有助于确保健身计划符合个体的需求和目标,更加贴合个人的身体状况和目标。

示例

我目前 22 岁,健康状况优良,但是体脂较高。请你作为一名从业 10 年具有丰富经验的健身教练,帮我制订一个为期 21 天的健身计划,要求计划中包括定制的三餐饮食、健康的作息安排、适当的运动时间。

当制定一个健身计划时,需要考虑个体差异和具体目标。由于你提到想要降低体脂,我会为你设计一个综合的计划,包括饮食、作息和运动。

饮食计划:

早餐:

- 燕麦片/全麦面包
- 鸡蛋白或全蛋 (适量)
- 新鲜水果 (例如香蕉或蓝莓)
- 无糖酸奶或低脂牛奶

午餐:

- 烤或蒸的鸡胸肉/鱼肉
- 纤维丰富的蔬菜沙拉
- 糙米或全麦米饭

晚餐:

- 瘦肉 (烤或蒸) 或豆腐
- 蔬菜炒或蒸
- 蕃茄汤或其他低热量汤品

点心 (选择一个):

- 一小把坚果 (杏仁、核桃等)
- 低脂酸奶
- 蔬菜条配橄榄油酱

饮水:
保持充足的水分摄入,每天至少8杯水。

2.1.5 旅游计划

指令

例：「我打算在〈元旦放假〉期间到〈北京〉进行为期〈3〉天的旅游。请你作为一名〈当红的旅游博主〉，帮我制订一份旅游计划，计划中要有一些推荐的景点、景点附近的美食和住宿。另外，请注意要提前告诉我是否需要支付门票或者线上预约。」

说明

以往制订旅游计划，往往要消耗大量的时间，而最后也可能会有疏漏的地方。借助 AIGC 工具可以快速搜集关于旅游目的地的详细信息，包括景点、文化、美食、交通、气候等方面的内容。它可以为你提供实用建议，以便你更好地了解和规划行程。

示例

> 我打算在元旦放假期间到北京进行为期 3 天的旅游。请你作为一名当红的旅游博主，帮我制订一份旅游计划，计划中要有一些推荐的景点、景点附近的美食和住宿。另外，请注意要提前告诉我是否需要支付门票或者线上预约。

当然，我很高兴为你制定一份北京三天两夜的旅游计划！请注意，由于信息可能会发生变化，建议在旅行前再次确认景点开放时间和政策。

第一天：历史文化之旅

早上：故宫

- 门票：需要购买，建议提前在官方网站购票。
- 美食：故宫周边有一些小吃店，也可以在景区内的茶座品尝传统茶点。

中午：王府井步行街

- 探索这条老北京的繁华街道，品尝当地小吃和美食。
- 尝试炸酱面、糖葫芦等小吃。

下午：天安门广场和国家博物馆

- 天安门广场是拍照的好地方。
- 国家博物馆无需门票，但可能需要排队入场，可以提前做线上预约。

晚上：王府井大街

- 逛一逛王府井大街，感受夜间繁华氛围。
- 尝试一些夜市小吃。

住宿：王府井附近的酒店

第二天：现代与古老的交融

早上：颐和园

- 门票：提前在官方网站购票，避免排队。
- 美食：颐和园内有一些建筑内的茶座，可以品尝传统点心。

中午：鸟巢和水立方

- 在鸟巢和水立方周边品尝特色美食。

2.2 媒体运营

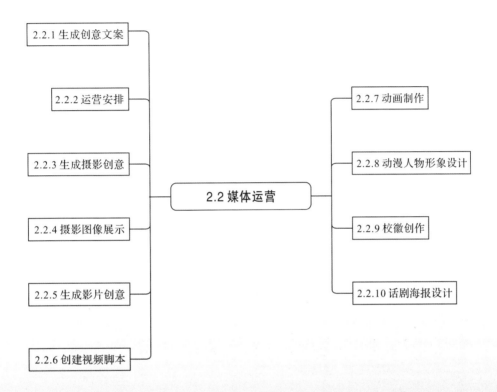

2.2.1 生成创意文案

指令

例:「我打算在〈大年三十的晚上,发一则朋友圈文案,并附上我和家人团聚在一起吃年夜饭的照片〉。请你为我的〈照片〉附上有创意并且〈温馨〉的〈朋友圈〉文案。字数在〈50〉字左右,可以设计相应的表情包。请你为我生成〈5〉条,以便我挑选,谢谢。」

说明

创意文案是一种通过文字表达创造性思维和想法的形式,通常用于广告、营销、宣传和其他传播活动。创意文案可以包括多种元素,选用哪些元素取决于它的用途。

示例

我打算在大年三十的晚上,发一则朋友圈文案,并附上我和家人团聚在一起吃年夜饭的照片。请你为我的照片附上有创意并且温馨的朋友圈文案。字数在50字左右,可以设计相应的表情包。请你为我生成5条,以便我挑选,谢谢。

1. ✦ 年夜饭开启,笑容满满团圆时! ∥ ✧ 一家人欢声笑语,共迎新春。🌰 🍲 吃好喝好,快乐年三十! #团圆年味#

2. 🍲 年夜饭时光,满满的幸福感! 家人团聚,饭桌上洋溢着笑容和美味。🍶 🥢 一家人的温馨,就是最好的年味! #幸福时刻#

3. 🍲 年三十,一家团圆,幸福满满! 饭桌上的热闹,是我们最美好的时刻。🥢 🍗 祝愿大家新年快乐,幸福安康! #团圆年夜饭#

4. ∥ 年夜饭时光,亲情满满,美食满桌! 一家人团聚的温馨瞬间,让心中的暖意蔓延。✦ 🍵 新年快乐! #家人团聚#

5. 🥢 年夜饭团圆时,幸福溢满全家! 美味飘香,笑声悠扬,共创幸福年。🥟 🎴 新年快乐,团团圆圆! #年味满满#

2.2.2 运营安排

指令

例:「我是〈大学生推理社的社团会长〉,请你帮我生成一个〈大学生社团的社交媒体〉运营安排,目标是〈增加关注和互动〉。包括以下方面:〈每周内容发布计划、互动活动安排、用户反馈收集方法、数据分析和优化。时间范围为一个月〉。请将主要活动规划放在一个表格里。」

说明

学生可以通过使用 AIGC 工具生成运营安排来提高工作效率和组织能力。详细的计划和安排有利于更好地管理时间和资源,确保各类活动和项目顺利进行。

示例

我是大学生推理社的社团会长,请你请帮我生成一个大学生社团的社交媒体运营安排,目标是增加关注和互动。包括以下方面:每周内容发布计划、互动活动安排、用户反馈收集方法、数据分析和优化。时间范围为一个月。请将主要活动规划放在一个表格里。

为您生成一个大学生推理社的社交媒体运营安排表格,包括每周内容发布计划、互动活动安排、用户反馈收集方法、数据分析和优化。这个安排是为了增加关注和互动,时间范围为一个月。

时间段	活动内容与细节	目标与策略
第1周	- 发布社团介绍视频	- 提高社团知名度
	- 推理小游戏分享	- 增加互动和分享率
	- 用户调查问卷发布	- 收集成员兴趣和反馈
	- 分析数据:视频观看次数、游戏参与度	- 了解用户偏好,优化内容
第2周	- 成员推荐的推理小说书单分享	- 提高社团成员参与感
	- 举办"推理小说解析"线上讨论会	- 增加成员互动,深化话题讨论
	- 收集讨论会反馈	- 改进未来讨论会主题和形式
第3周	- 发布"推理片段猜谜"视频	- 提升观众参与感,促进互动
	- 举办线上"推理游戏竞赛"	- 增加参与度,扩展社团影响力
	- 分析竞赛参与情况和反馈	- 优化未来游戏活动
第4周	- 总结社团月度活动,发布回顾视频	- 强化社团形象,感谢成员参与
	- 发布"推理心得分享"文章	- 提高成员贡献感和社团认同
	- 收集整体月度活动反馈	- 确定下月内容策略和改进点

2.2.3　生成摄影创意

指令

例：「我想为我的〈校园〉拍一张主题为〈"冬季"〉的照片，但是不知道如何设置照片的光线、主题色彩、对比度。请你帮我生成〈3〉个创意照片设计，要求包含〈人物、建筑和背后的故事〉等因素，以增强〈照片的感染力〉。」

说明

AIGC工具可以生成创意性想法，从构图和拍摄角度到光影和色彩搭配，为想要丰富课余生活的学生提供新颖的视觉思路。AIGC工具也可以协助构建与摄影项目相关的故事情节或主题，使摄影作品更具深度和意义。

示例

我想为我的校园拍一张主题为"冬季"的照片，但是不知道如何设置照片的光线、主题色彩、对比度。请你帮我生成3个创意照片设计，要求包含人物、建筑和背后的故事等因素，以增强照片的感染力。

当拍摄冬季主题照片时，可以考虑以下三个创意设计：

创意设计一：温暖冬日的校园

光线： 利用柔和的阳光，拍摄在雪地上留下温暖光影的场景。

主题色彩： 以暖色调为主，突出冬季的温暖感。使用橙色、棕色和暖色的过渡。

对比度： 利用雪地和树木的对比，增加画面层次感。

人物： 在画面中加入一群笑容灿烂的学生，穿着厚重的冬季服装，互相嬉戏打闹。

建筑： 在远处设置一栋校园建筑，通过它的外观展现出冬日的安静和温馨。

故事： 照片背后的故事可以是学生们在冬日阳光下共度时光，校园里弥漫着欢声笑语，展现出校园生活的美好。

创意设计二：雪后静谧的校园夜景

光线： 利用月光或灯光，打造雪后夜晚的校园场景。

主题色彩： 以冷色调为主，突出雪后校园的清冷与静谧。

对比度： 利用灯光照亮雪地，形成强烈的明暗对比。

人物： 添加一些行走在雪地中的人物，穿着深色冬装，形成静态的画面。

建筑： 选取一座校园建筑，在夜晚灯光的映照下，展现出安静祥和的校园氛围。

故事： 照片背后的故事可以是学生们在雪后的夜晚，安静地漫步在校园中，感受着雪地的静谧之美，展现出校园冬夜的宁静和祥和。

2.2.4　摄影图像展示

指令

例:「我想为我的〈校园〉拍一张主题为〈"冬季"〉的照片,但是不知道如何设置照片的光线、主题色彩、对比度。请你帮我生成一幅图片,要求有〈人物、学校建筑,还有冬季校园特有的景象〉,以增强照片的感染力。」

说明

AIGC 绘图工具可以根据学生的创意性想法,从构图和拍摄角度到光影和色彩搭配,生成精彩的视觉艺术作品,为对摄影感兴趣的学生提供新颖的拍摄思路。

示例

> 我想为我的校园拍一张主题为"冬季"的照片,但是不知道如何设置照片的光线、主题色彩、对比度。请你帮我生成一幅图片,要求有人物、学校建筑,还有冬季校园特有的景象,以增强照片的感染力。

2.2.5 生成影片创意

指令

例：「我打算〈为我的室友庆祝生日〉，请你帮我生成〈5〉个关于〈生日影片〉的创意，并推荐所要用到的工具软件，影片要具有心意，体现出〈深厚的友谊〉。」

说明

AIGC 工具可以提供独特的、有创意的想法，帮助你突破思维定式，找到创作灵感。如果你需要在短时间内快速构思影片，AIGC 工具可以提供即时的建议，加速创作过程。

示例

我打算为我的室友庆祝生日，请你帮我生成 5 个关于生日影片的创意，并推荐所要用到的工具软件，影片要具有心意，体现出深厚的友谊。

为你的室友制作一部富有心意且体现深厚友谊的生日影片，这里有五个创意想法，并附带需要用到的免费工具和软件：

1. **回忆之旅**
   - **内容**：收集你和室友在大学期间的各种照片和视频片段，按照时间顺序整理成一个回忆之旅的影片。从你们相识到现在的点滴，配上温馨的背景音乐和感人的文字说明。
   - **工具**：美图秀秀（图片处理），剪映（视频剪辑），网易云音乐（背景音乐）

2. **友谊之声**
   - **内容**：邀请共同的朋友录制短视频或语音消息，讲述他们与室友的有趣故事或祝福语。将这些片段汇集在一起，形成一个充满祝福和笑声的影片。
   - **工具**：微信（录制语音/视频），剪映（视频剪辑）

3. **未来之愿**
   - **内容**：制作一个充满希望的影片，展示你对你们未来的美好愿景。可以包括室友的梦想、目标，以及你们未来可能一起完成的事情。配上励志的背景音乐。
   - **工具**：Canva（图像设计），剪映（视频剪辑），网易云音乐（背景音乐）

4. **特别的生日祝福**
   - **内容**：录制你自己为室友准备的特别祝福视频，可以是唱歌、跳舞或是一段真诚的祝福演讲。再配上一些趣味特效和字幕，增添影片的趣味性。
   - **工具**：手机摄像头（录制视频），抖音（视频编辑），字幕软件如小影（添加字幕）

5. **心意DIY**
   - **内容**：制作一个DIY风格的生日影片，包括你亲手制作的生日卡片、礼物、装饰等过程的视频，展示你为室友精心准备的心意。同时可以配上一些亲手制作的小视频或动画。
   - **工具**：手工材料（制作礼物），手机摄像头（录制视频），快剪辑（视频剪辑）

这些创意都可以通过使用上述免费工具和软件来实现，既能表达你的心意，又能体现你们之间深厚的友谊。希望你能制作出一部让室友感动的生日影片！

2.2.6 创建视频脚本

指令

例:「我想要剪一个主题为〈"梦想"〉的视频,将其作为〈学院迎新晚会的开幕视频〉,配乐是《《追梦赤子心》》。请你为我的视频制作一个脚本,要求详细标注每句歌词所对应的影片内容,以及字幕的展示形式、影片的整体色调等,如果有其他元素,请你帮我适当补充。」

说明

AIGC工具可以协助起草视频脚本。要让AIGC工具提供符合要求的视频脚本,你应提供关于故事情节、目标主题等的详细信息。如果你已经有一个基本的脚本,但想要进一步扩充细节或添加额外的情节,则可以使用AIGC工具生成相关内容,以使视频更加丰富。

示例

我想要剪一个主题为"梦想"的视频,将其作为学院迎新晚会的开幕视频,配乐是《追梦赤子心》。请你为我的视频制作一个脚本,要求详细标注每句歌词所对应的影片内容,以及字幕的展示形式、影片的整体色调等,如果有其他元素,请你帮我适当补充。

当你提到制作一个视频脚本,包含详细的歌词对应影片内容、字幕展示形式、影片整体色调等要素,这需要一个详细的计划。以下是一个可能的脚本大纲,你可以根据自己的具体情况进行调整和修改。

视频主题:梦想

音乐配乐:《追梦赤子心》

影片时长:约3-5分钟

1. 开场

- **音乐:**《追梦赤子心》开始奏响。
- **画面:** 黑白梦幻的开场,星空中闪烁着梦幻的星辰。

2. 第一部分 - "追梦的旅程"

- **音乐:** "梦想,是一种追寻的旅程" 时,镜头切换至学院校园的景色。
- **画面:** 学生穿着学士袍,匆匆走过校园,夕阳洒在他们身上,展现着追逐梦想的青春。

3. 第二部分 - "心中的火焰"

- **音乐:** "心中的火焰 燃烧不灭" 时,画面转至学生们在实验室、图书馆、工作室的勤奋学习场景。
- **画面:** 明亮的灯光下,学生专注地工作,表现内心激情和对知识的渴望。

2.2.7 动画制作

指令

例:「我是一名〈小学教育专业的师范生〉,我打算在〈下周给一些五年级的学生讲述"精卫填海"这一神话故事〉。我想用动画的形式呈现给〈学生〉,〈以便他们对故事的记忆更加牢固〉。请你协助我制作有关〈"精卫填海"〉的动画,需要罗列出所要用到的可进行故事脚本创作、背景音乐制作、配音字幕制作等的工具、软件等,请注意这些工具、软件应是在中国可免费获取并使用的,并将相关内容制成表格。」

说明

讲述故事时,引人入胜的情节是至关重要的。在开始制作动画之前,应明确制作动画的目的是什么,受众是谁,这有助于确定风格、内容和表达方式。

示例

> 我是一名小学教育专业的师范生,我打算在下周给一些五年级的学生讲述"精卫填海"这一神话故事。我想用动画的形式呈现给学生,以便他们对故事的记忆更加牢固。请你协助我制作有关"精卫填海"的动画,需要罗列出所要用到的可进行故事脚本创作、背景音乐制作、配音字幕制作等的工具、软件等,请注意这些工具、软件应是在中国可免费获取并使用的,并将相关内容制成表格。

以下是为制作"精卫填海"动画所需的工具、软件、配音字幕等的详细表格,这些工具和软件在中国地区可免费获取并使用:

任务	工具/软件	具体用途	备注
故事脚本创作	WPS文字处理软件	撰写并编辑"精卫填海"故事脚本	可在线使用,无需付费
绘制故事分镜	创客贴	创建故事分镜草图,规划动画场景	支持简单绘图,免费模板丰富
动画制作	万彩动画大师	制作简单的2D动画,呈现"精卫填海"故事情节	支持中文界面,免费版满足基础需求
背景音乐选择	爱给网(Aigei)	搜索并下载免费背景音乐,增强动画氛围	提供多种版权免费的背景音乐资源
配音录制	迅捷录音软件	录制并编辑故事旁白配音,确保音质清晰,语速适中	简单易用,支持多种音频格式
字幕添加	爱剪辑	添加字幕,并进行基本的剪辑和合成	中文界面,功能丰富,免费可用
动画合成与输出	万兴喵影(Filmora)	将所有素材整合,添加过渡效果,导出为适合播放的格式	免费版可满足基础需求,但导出有水印
动画展示	腾讯会议、钉钉	在课堂上播放动画,可以通过屏幕共享功能展示动画,或上传至班级群	免费使用,可通过在线平台进行展示

这份表格列出了在中国地区可以免费获取和使用的工具和软件,帮助您顺利制作出"精卫填海"的动画,以便学生们更好地记住这个神话故事。

2.2.8 动漫人物形象设计

指令

例:「〈我打算和朋友们组建一个与动漫有关的兴趣社团,我们打算设计一个动漫故事,但是对主角的形象还没有确定〉。请你生成一幅主角形象图片,图片中有〈一个女孩〉,她有〈银白色的长发,如同轻柔的雪花〉。她的眼睛是〈蓝色的,犹如清澈的湖水〉。皮肤〈白皙,如新雪般纯净〉。她头上〈别着一个小小的银色星形饰物〉。〈纤长的睫毛和柔和的眉毛使她显得温柔而优雅〉。身穿〈淡蓝色的长裙,裙摆上有银白色的雪花图案〉。」

说明

AIGC 工具可以为学生在制作角色图片的过程中提供创意。通过向 AIGC 输入一些关键词或指导性信息,AIGC 可以生成相关的动漫形象,提供创意,降低学生制作动画的时间成本。

示例

我打算和朋友们组建一个与动漫有关的兴趣社团,我们打算设计一个动漫故事,但是对主角的形象还没有确定。请你生成一幅图片,图片中有一个女孩,她有银白色的长发,如同轻柔的雪花。她的眼睛是蓝色的,犹如清澈的湖水。皮肤白皙,如新雪般纯净。她头上别着一个小小的银色星形饰物。纤长的睫毛和柔和的眉毛使她显得温柔而优雅。身穿淡蓝色的长裙,裙摆上有银白色的雪花图案。

2.2.9 校徽创作

指令

例：「请你帮我生成一幅校徽图片，主题是〈"阳光与希望"〉。请融入简约图案，表达〈未来与憧憬〉。色调温和，主色彩有〈黄色、蓝色、白色〉，要确保它们清晰可识别，在一定程度上体现出〈学生富有朝气和书生意气〉。」

说明

AIGC 可以通过分析大量的设计元素和图形数据，提供新颖、有创意的设计思路，有助于学生创作独特而富有创意的校徽、团徽、组徽等。

示例

请你帮我生成一幅校徽图片，主题是"阳光与希望"。请融入简约图案，表达未来与憧憬。色调温和，主色彩有黄色、蓝色、白色，要确保它们清晰可识别，要在一定程度上体现出学生富有朝气和书生意气。

2.2.10　话剧海报设计

指令

例：「请你帮我生成一幅话剧海报，用于〈学校话剧社的宣传〉，海报中要有〈大都市夜景，在高楼大厦下面有三个年轻人的背影〉。要求：〈广角，有霓虹灯，画面具有较强的对称性和压迫感〉。」

说明

AIGC可以生成独特的创新设计，为海报注入新颖的艺术元素，与传统手绘或设计方法不同，其更能吸引人的目光。对于学生群体来说，与科技相关的元素可能更有吸引力。使用AIGC工具设计展示话剧社活动的海报，有助于吸引年轻观众。

示例

> 请你帮我生成一幅话剧海报，用于学校话剧社的宣传，海报中要有大都市夜景，在高楼大厦的下面有三个年轻人的背影。要求：广角，有霓虹灯，画面具有较强的对称性和压迫感。

2.3 日常娱乐

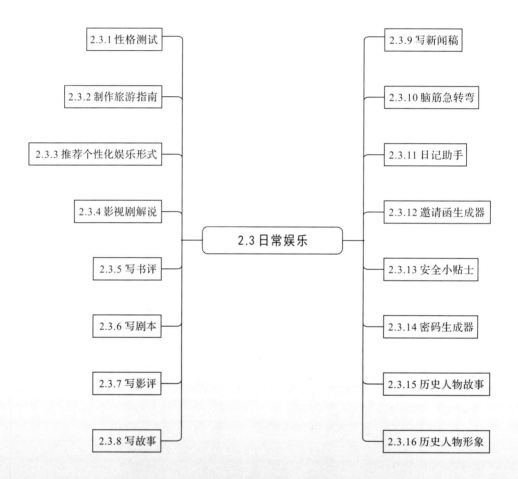

2.3.1 性格测试

指令

例：「我想请你帮我生成一套性格测试题，要有单选题、多选题、填空题等，并且题与题之间要连贯，联系要紧密，具有逻辑性，每道题要有与答案相匹配的性格解释。题项一共〈20〉个左右。」

说明

使用 AIGC 工具生成性格测试题并进行性格测试，可更深入地了解自己的个性、兴趣等。通过与学生对话的方式，AIGC 可以推断出学生的性格和偏好。这种方法以一种有趣和互动的方式推断个体的心理特征。

示例

我想请你帮我生成一套性格测试题，要有单选题、多选题、填空题等，并且题与题之间要连贯，联系要紧密，具有逻辑性，每道题要有与答案相匹配的性格解释。题项一共 20 个左右。

当然可以，下面是一套包含单选题、多选题和填空题的性格测试题目，每道题后面都有相应的性格解释。请记得，这只是一套简单的测试，真正有效的性格测试需要更全面和专业的设计，最好由专业的心理学家或人才评估专家来制定。

1. 单选题

1.1 你更喜欢哪种活动?

- a. 独自思考或阅读
- b. 参加社交活动或聚会

解释:
a. 喜欢独处的人可能更倾向于内向和沉思型的性格，更容易独立完成任务。
b. 喜欢社交的人可能更外向，喜欢与他人互动，对团队合作更有激情。

2. 填空题

2.1 你最喜欢的休闲活动是什么? _____

解释:
根据填空题的回答，可以了解个体对休闲活动的喜好，从而推断出其喜欢的活动类型，进而了解其性格特点。

3. 多选题

3.1 在面对问题时，你的反应是?

- a. 仔细分析再做决定
- b. 迅速做出决定
- c. 寻求他人的建议

2.3.2 制作旅游指南

指令

例：「我打算在〈元旦的三天假期里〉和〈朋友们一起去重庆〉旅游。请你为我的假期制定一份旅游指南，要包括每日的行程安排、交通安排、酒店住宿和美食推荐等。请将这三日的旅游指南制成表格。」

说明

AIGC工具可以根据你的喜好、兴趣和需求生成个性化的旅游建议。通过对话，AIGC可以了解你的偏好，然后提供活动和景点建议。但需要注意的是，旅游中常常还会涉及一些实时性的信息，例如天气。因此，需要额外查询信息，以保证出游计划完美实施。

示例

我打算在元旦的三天假期里和朋友们一起去重庆旅游。请你为我的假期制定一份旅游指南，要包括每日的行程安排、交通安排、酒店住宿和美食推荐等。如果需要花费，请你计算一下大致费用。请将这三日的旅游指南制成表格。

以下是你和朋友们在元旦三天假期的重庆旅游指南，包含每日行程安排、交通安排、酒店住宿和美食推荐。

日期	行程安排	交通安排	酒店住宿	美食推荐
第一天	1. 抵达重庆，入住酒店	高铁/飞机到重庆	重庆大酒店或同等酒店	小面、火锅
	2. 解放碑步行街游玩，购物	步行		
	3. 夜游两江夜景（可选择游船）	出租车/地铁		
第二天	1. 早餐后前往洪崖洞	地铁/出租车		特色小吃
	2. 游览长江索道	步行		
	3. 午餐后参观重庆博物馆	地铁		
	4. 晚上享受火锅	出租车/地铁		传统重庆火锅
第三天	1. 早餐后前往大足石刻	租车/高铁		特色午餐
	2. 参观大足石刻	租车/旅游团		
	3. 晚上返回，结束旅行	高铁/飞机		

交通说明：

- **高铁/飞机**：建议提前预定票务，查看时刻表。
- **地铁**：重庆的地铁系统方便快捷，适合日常出行。
- **出租车/租车**：可通过打车软件叫车，方便灵活。

酒店推荐：

- 重庆大酒店、如家酒店、汉庭酒店等经济型酒店，均提供舒适的住宿环境。

美食推荐：

- 重庆小面、火锅、酸辣粉、串串香等，建议选择当地有名的餐馆。

希望这个旅游指南能帮助你和朋友们度过一个愉快的假期！如果有其他需求或调整，随时告诉我！

2.3.3 推荐个性化娱乐形式

指令

例:「我是一名〈大学二年级〉的学生,性格比较〈内向〉,平时〈不太愿意和陌生人交流〉,比较喜欢〈散文和英语〉。请你按照我的性格和喜好帮我推荐一些适合我使用的娱乐软件、图书或歌曲。」

说明

AIGC 工具可以根据你的喜好、兴趣和性格推荐个性化的娱乐形式。通过对话式交互,它可以提供适合你的娱乐建议,包括电影、音乐、图书和其他娱乐形式。

示例

我是一名大学二年级的学生,性格比较内向,平时不太愿意和陌生人交流,比较喜欢散文和英语。请你按照我的性格和喜好帮我推荐一些适合我使用的娱乐软件、图书或歌曲。

根据你的性格和喜好,我推荐以下适合你使用的娱乐软件、书籍和歌曲:

娱乐软件

1. **多邻国 (Duolingo)**:适合学习英语和其他语言,可以通过有趣的游戏方式提高语言水平。

2. **豆瓣**:你可以在这里找到许多喜欢散文的朋友,分享阅读心得,还能找到很多书籍推荐和影评。

3. **喜马拉雅**:提供海量有声书、播客和音乐,有很多散文朗读和英语学习的内容。

4. **知乎**:适合你在学习和生活中获取知识和灵感,还可以参与讨论,但不一定需要直接与陌生人互动。

5. **网易云音乐**:提供多种音乐推荐算法,可以找到适合你心情的音乐,也有很多优质的英文歌曲。

书籍推荐

1. **《人间词话》 by 王国维**:经典散文集,文字优美,适合静心阅读。

2. **《追风筝的人》 by 卡勒德·胡赛尼**:动人的故事,语言流畅,适合提高英文水平。

3. **《了不起的盖茨比》 by F. Scott Fitzgerald**:经典英文小说,既能提升英语水平,又能欣赏优美的文字。

4. **《百年孤独》 by 加西亚·马尔克斯**:魔幻现实主义文学代表作,文字优美,适合喜欢散文的你。

5. **《瓦尔登湖》 by 亨利·大卫·梭罗**:经典散文,反思生活与自然的关系。

歌曲推荐

1. **Coldplay - "Fix You"**:旋律动人,歌词温暖。

2. **Ed Sheeran - "Perfect"**:情感真挚,适合安静聆听。

3. **Adele - "Someone Like You"**:声音极具感染力,适合在静谧时刻听。

4. **Norah Jones - "Come Away With Me"**:悠扬的旋律,适合放松心情。

5. **Taylor Swift - "All Too Well"**:歌词细腻,适合品味情感。

希望这些推荐能让你的休闲时光更加充实和愉快!

2.3.4 影视剧解说

指令

例:「〈下周我们学校要举办影视分享会〉,请你协助我,为电影《《红海行动》》做一个解说。请你首先介绍一下这部电影的制作团队,其次介绍背景、角色、剧情概要、视觉效果和音乐,最后对该电影进行总体评价。」

说明

AIGC 工具可以解释影视剧的情节、角色和主题,帮助观众更好地理解故事情节和背后的深层含义。它可以对情节发展、角色关系和情感变化进行详细解释,加深观众对剧情的理解。

示例

下周我们学校要举办影视分享会,请你协助我,为电影《红海行动》做一个解说。请你首先介绍一下这部电影的制作团队,其次介绍背景、角色、剧情概要、视觉效果和音乐,最后对该电影进行总体评价。

当然可以。下面是电影《红海行动》的解说内容:

一、制作团队介绍

导演:林超贤
林超贤是香港著名的电影导演,以拍摄动作片和警匪片著称。他的作品往往充满紧张刺激的情节和高质量的动作场面。

制片人:梁凤英
梁凤英是资深制片人,与林超贤多次合作,确保影片的制作过程顺利进行。

编剧:冯骥、陈珠珠、林明杰
三位编剧共同撰写了电影的剧本,力求在情节上做到紧凑且具有现实感。

主演:张译、黄景瑜、海清、杜江
几位主演在片中有着精彩的表现,各自的角色都很有层次感和真实感。

二、背景设定

《红海行动》根据真实事件改编,背景设定在也门撤侨的"也门撤侨事件"。电影讲述了中国海军在红海地区执行撤侨任务的故事,展现了中国军人不畏艰险、英勇无畏的精神。

三、角色介绍

杨锐 (张译饰):蛟龙突击队队长,冷静果敢,具备卓越的领导能力。

顾顺 (黄景瑜饰):狙击手,精准度极高,性格沉稳内敛。

夏楠 (海清饰):战地记者,勇敢无畏,坚持真相。

徐宏 (杜江饰):爆破手,精通各种爆破技术,胆大心细。

四、剧情概要

电影讲述了中国海军蛟龙突击队接到任务,前往战火纷飞的也门撤离被困的中国公民。在任务过程中,他们不仅要面对严峻的战争环境,还要应对各种突发状况。通过艰苦卓绝的战斗,蛟龙突击队最终成功完成任务,彰显了中国军人的英勇和智慧。

2.3.5　写书评

指令

例:「我最近阅读了一本书,名字叫做《《活着》》。请从以下几个角度帮我写一篇关于此书的书评:剧情的发展走向,人物的刻画手法,语言表达,描写手法的运用,主题升华的高度,精神内核的剖析。并且总结以下几个方面:这本书引起了读者哪些思考,读者会有哪些感受和启示。」

说明

AIGC 工具可以在短时间内生成大量文本,帮助你快速撰写书评。这对于有时间限制或需要迅速产出大量内容的情况很有用。同样,如果你写作灵感匮乏或对书评的开篇不确定,就可以借助 AIGC 工具,它可以提供一些初始的创意或想法,从而帮助你启动写作任务。

示例

> 我最近阅读了一本书,名字叫做《活着》。请从以下几个角度帮我写一篇关于此书的书评:剧情的发展走向,人物的刻画手法,语言表达,描写手法的运用,主题升华的高度,精神内核的剖析。并且总结以下几个方面:这本书引起了读者哪些思考,读者会有哪些感受和启示。

> ⊛　《活着》是余华创作的一部作品,它以深刻的人物刻画和生动的描写手法揭示了人生的坎坷和命运的无常。以下是对这本书的书评,按照你提到的几个角度展开:
>
> **1. 剧情的发展走向:**
> 《活着》的剧情发展扣人心弦,充满了戏剧性的波折。故事以主人公福贵为中心,通过他一生的坎坷经历展现了中国社会在二十世纪的巨变。故事线索清晰,情节跌宕起伏,使人对生活充满了思考。
>
> **2. 人物的刻画手法:**
> 余华通过细腻入微的描写,深刻地塑造了福贵这个人物形象。福贵在富裕时的奢靡、在困顿时的坚韧,都展现出他独特的性格特点。其他人物也都栩栩如生,展现出各自的喜怒哀乐,使整个故事更具有情感共鸣。
>
> **3. 语言表达:**
> 余华的文字简练而有力,他巧妙地运用了大量生动的细节描写,使读者能够身临其境地感受故事发生的环境和人物的情感。语言表达朴实而深沉,使作品更具有触动人心的力量。
>
> **4. 描写手法的运用:**
> 余华善于运用夸张手法,通过夸张的表达揭示生活的悲欢离合。他通过对细节的精准把握,将故事的情感层层叠加,使人感受到人生沧桑和无奈。
>
> **5. 主题升华的高度:**
> 小说通过福贵一生的经历,深刻地反映了社会的变迁和人性的脆弱。在命运的无情摧残下,主人公通过对生活的顽强抗争,表达出对生命的珍视和对希望的追求。主题由个体的苦难升华为对生命的深刻思考,具有高度的思想性。
>
> **6. 精神内核的剖析:**
> 小说通过主人公的经历,剖析了人性的善恶、坚韧和对生活的态度。在生活的磨难中,福贵逐渐明白了生命的可贵,对于亲情、友情、爱情的体验使他的心灵得到了深刻的洗礼。整个故事传递出对于人性本善的信仰,以及对于生命价值的深刻思考。

2.3.6 写剧本

指令

例：「我打算写一部关于〈"爱与冒险"的舞台剧〉。请你协助我生成一个〈有趣、浪漫、富有生命力〉的剧本，其中有〈5〉个主人公，有男生有女生，他们都是〈朝气蓬勃的年轻人〉，故事情节〈要跌宕起伏，有一定的喜剧色彩〉，最后的结局是〈非常美好的〉。」

说明

AIGC 工具可以提供具有创意的故事情节，从而激发你的创造力。它能够提供独特的想法，为你的剧本注入新鲜的元素。AIGC 工具可以提供关于如何控制故事节奏和营造紧张感的建议。它能够帮助你创建跌宕起伏的情节，以吸引观众。

示例

我打算写一部关于"爱与冒险"的舞台剧。请你协助我生成一个有趣、浪漫、富有生命力的剧本，其中有 5 个主人公，有男生有女生，他们都是朝气蓬勃的年轻人，故事情节要跌宕起伏，有一定的喜剧色彩，最后的结局是非常美好的。

剧本：爱与冒险

第一幕：初遇

场景：大学校园，一片绿荫下的长椅。

人物：

- **李明**（男，21岁，文学系，阳光帅气，梦想成为作家）
- **王悦**（女，20岁，艺术系，聪明独立，梦想成为画家）
- **张浩**（男，22岁，旅游管理系，幽默风趣，梦想环游世界）
- **赵静**（女，20岁，医学系，温柔善良，梦想成为医生）
- **陈强**（男，21岁，体育系，热血冲动，梦想成为探险家）

（李明坐在长椅上看书，王悦走过来，手里拿着画板。）

王悦：嗨，你也喜欢在这儿看书吗？

李明（抬头微笑）：是啊，这里很安静，适合写作。你在画画？

王悦（点头）：对，捕捉校园的美景。你写什么呢？

李明：一些冒险故事，希望有一天能成为作家。

（张浩骑着自行车经过，停下。）

张浩：你们好啊，讨论什么呢？

王悦：梦想。你呢？

张浩（笑）：我的梦想是环游世界，拍下每一个美丽的瞬间。

（赵静和陈强一起走过来。）

2.3.7 写影评

指令

例:「我最近观看了一部名字叫做《肖申克的救赎》的电影,请你帮我写一篇关于这部电影的影评。影评需要涉及对以下内容的讨论与剖析:电影主题,角色塑造,叙事方式,电影讲述的视角,电影场面的调度(布景、服装、灯光、演员调度等),电影构图,声音传达,电影类型,演员演技分析,导演执导能力等。最后可以推荐一些相关类型或主题的优秀电影。」

说明

AIGC 工具可以帮助你快速生成影评,尤其在时间紧张或需要大量内容的情况下其更能发挥优势。根据一些关键信息,AIGC 可以生成与电影相关的文章,也可以提供新颖的观点和创意,帮助你在影评中引入一些独特的想法或者不同的角度。这可使你的影评更加引人入胜,吸引读者的注意。

示例

我最近观看了一部名字叫做《肖申克的救赎》的电影,请你帮我写一篇关于这部电影的影评。影评需要涉及对以下内容的讨论与剖析:电影主题,角色塑造,叙事方式,电影讲述的视角,电影场面的调度(布景、服装、灯光、演员调度等),电影构图,声音传达,电影类型,演员演技分析,导演执导能力等。最后可以推荐一些相关类型或主题的优秀电影。

《肖申克的救赎》是一部1994年上映的经典影片,由弗兰克·德拉邦特执导,蒂姆·罗宾斯和摩根·弗里曼主演。这部电影改编自斯蒂芬·金的小说,以其深刻的主题、出色的角色塑造和精湛的叙事方式而广受好评。

主题:
电影的主题围绕着希望、自由和人性的复兴。通过监狱中两位主要角色的故事,影片深刻地探讨了在绝望中寻找希望的过程,以及在困境中保持人性尊严的重要性。电影通过描绘主人公安迪·杜弗雷(由蒂姆·罗宾斯饰演)在肖申克监狱中的生活,传递了对自由渴望的温暖、执着和坚持。

角色塑造:
影片通过深刻而立体的角色塑造展示了每个角色的复杂性。安迪·杜弗雷是一位智慧、坚强而富有同情心的角色,而瑞德(由摩根·弗里曼饰演)则是一个深受监狱体制束缚的人物,但随着故事的发展,他也经历了巨大的变化。这两位主演通过精湛的表演使角色栩栩如生,令观众产生深刻的共鸣。

叙事方式:
导演弗兰克·德拉邦特运用非线性叙事方式,通过回忆的形式,逐渐揭示了主人公的过去和他在监狱中的生活。这种叙事手法不仅增强了故事的层次感,也为观众提供了对主人公内心世界的更深入了解。

电影讲述的视角:
影片以主人公安迪的视角出发,通过他的眼睛看到了监狱体制的黑暗面和他对自由的追求。这种视角使观众更容易与主人公产生情感上的共鸣,从而更加深入地理解故事的内涵。

电影场面的调度:
肖申克监狱的真实感和压抑感在影片中得到了精准的表现。布景、服装和灯光的设计贴切地传达了监狱环境的压抑感,增强了观众对主人公逆境奋斗的同情心。

电影构图:
影片的构图精致而有力,通过镜头语言展示了人物内心的变化和情感转折。尤其是一些标志性的场景,如安迪在雨中挣脱囚禁的时刻,构图更是达到了高潮,表达出强烈的情感冲击力。

声音的传达:
影片运用了悠扬的音乐,如摇滚乐和古典音乐,以及环境音效,使观众更深入地融入故事情境。音乐

2.3.8 写故事

指令

例：「请你帮我生成一则〈寓言〉故事，故事要有角色、引人入胜的开头、令人深思的结尾，在情节方面要展现不同的对比冲突，最重要的是故事要蕴含一定的道理、教训或者哲理，适度使用反讽和幽默元素，使故事更具趣味性和吸引力。」

说明

AIGC 工具可以帮助你产生新奇的想法，为故事提供新颖的元素。你可以与 AIGC 工具进行对话，从而产生创意和开发故事情节。如果你有一个基本的故事框架，但需要一些帮助，来构思和完善细节，那么 AIGC 工具可以提供一些建议，使故事变得完整。

示例

请你帮我生成一则寓言故事，故事要有角色、引人入胜的开头、令人深思的结尾，在情节方面要展现不同的对比冲突，最重要的是故事要蕴含一定的道理、教训或者哲理，适度使用反讽和幽默元素，使故事更具趣味性和吸引力。

故事名：《勤劳与懒惰的蚂蚁》

在一个美丽的花园里，住着一只勤劳的蚂蚁和一只懒惰的蚂蚁。勤劳的蚂蚁每天都忙碌地工作，收集食物存储过冬。而懒惰的蚂蚁则总是躺在阳光下晒太阳，从不为未来做任何打算。

一天，天空突然乌云密布，雷声轰鸣，一场大雨即将来临。勤劳的蚂蚁急忙召集同伴们，大家一起把食物搬到安全的地方。而懒惰的蚂蚁却懒洋洋地趴在那里，拒绝帮助。

雨过天晴后，花园里的食物被洪水冲走了，懒惰的蚂蚁开始挨饿。他跑到勤劳的蚂蚁面前请求帮助，可是勤劳的蚂蚁却说："你在夏天懒散无所事事，现在后悔已经太迟了。"

这则寓言故事告诉我们，勤劳和懒惰的人生命运是完全不同的。勤劳能带来未来的幸福，而懒惰则只能招致遗憾和困苦。所以，我们要像勤劳的蚂蚁一样，努力工作，珍惜现在，为未来打算。

2.3.9 写新闻稿

指令

例：「我打算为〈学校的广播站〉写一则〈周五晚上〉的新闻稿，讲述的是〈"本校学生创新团队开发基于人工智能的智能导览在试验阶段取得了圆满成功"〉。请你根据主要内容写一则不少于〈200〉字的新闻稿，要有标题和正文内容，标题要简洁、凝练，并且在最后要对〈该团队的创新精神加以褒奖〉。」

说明

AIGC工具能够快速生成文本，为学生缩短了新闻稿写作时间。它可以整合多个信息源，生成一篇综合性新闻稿，涵盖多个方面的信息。学生也可以用AIGC工具生成初步的新闻稿，然后自己作进一步修改和完善，提高写作效率。

示例

我打算为学校的广播站写一则周五晚上的新闻稿，讲述的是"本校学生创新团队开发基于人工智能的智能导览在试验阶段取得了圆满成功"。请你根据主要内容写一则不少于200字的新闻稿，要有标题和正文内容，标题要简洁、凝练，并且在最后要对该团队的创新精神加以褒奖。

标题：校园AI智能导览圆满试水，学子创新闪耀

正文：

本校学生创新团队近期研发的基于人工智能的智能导览在试验阶段取得了圆满成功，为校园科技注入了新的活力。

经过数月的努力，该团队成功开发出一套智能导览系统，通过先进的人工智能技术，为校园内的学子提供更便捷、智能的导航服务。在周五晚上的试验中，系统表现出色，成功引导学生们游走于校园各处，体验了一次充满科技感的导览之旅。

这一创新不仅为同学们提供了更方便的校园导航方式，也展现了我校学子在科技创新领域的卓越能力。该团队的成果不仅仅是技术上的成功，更是学生创新精神的生动写照，展现出了他们勇于挑战、不断进取的品质。

校园智能导览的圆满试水，标志着我校学子在科技领域的积极探索和不断突破。未来，我们有理由期待这支富有激情和创造力的团队在科技创新的道路上取得更加辉煌的成就。在此，对该团队的创新精神表示由衷的褒奖，期待他们在未来的道路上继续奋发向前，为校园科技发展贡献更多力量。

2.3.10 脑筋急转弯

指令

例:「〈我们班级打算在周五的晚上举办班级元旦晚会〉,我们打算〈在晚会中穿插一些互动的游戏〉,例如脑筋急转弯。请你帮我们生成〈10〉个脑筋急转弯的趣味问题,并且每道题的最后要有相对应的答案解析,脑筋急转弯的题要有〈趣味性并蕴含历史小故事〉。」

说明

脑筋急转弯通常是一种幽默而巧妙的思考游戏,可以使人放松。AIGC 工具可以为用户提供新颖有趣的笑点,增加生活的乐趣。

示例

我们班级打算在周五的晚上举办班级元旦晚会,我们打算在晚会中穿插一些互动的游戏,例如脑筋急转弯。请你帮我们生成 10 个脑筋急转弯的趣味问题,并且每道题的最后要有相对应的答案解析,脑筋急转弯的题要有趣味性并蕴含历史小故事。

以下是十道趣味脑筋急转弯题目及其答案解析,希望能为你们的元旦晚会增添乐趣:

1. **问题**: 什么东西越洗越脏?
   答案: 水。
   解析: 因为洗东西的水会变得越来越脏。

2. **问题**: 什么东西放在冰箱里不会冷?
   答案: 热水瓶。
   解析: 因为热水瓶是用来保持温度的, 放进去也不会马上冷却。

3. **问题**: 一头牛吃草, 一头牛喝水, 请问世界上有多少头牛?
   答案: 两头牛。
   解析: 题目已经给出了两头牛的数量。

4. **问题**: 什么东西晚上更亮, 但早上却看不见?
   答案: 星星。
   解析: 星星在夜晚的时候才会闪耀, 在白天因为阳光的缘故看不到。

5. **问题**: 什么字全世界通用?
   答案: 阿拉伯数字。
   解析: 阿拉伯数字 (0-9) 是国际通用的数字体系。

6. **问题**: 为什么小明跑得越快, 后面的帽子越不容易掉?
   答案: 因为帽子戴在小明的头上。
   解析: 帽子在头上, 不管跑多快都不会掉。

7. **问题**: 什么时候看到的月亮最大?
   答案: 在月亮最大的时候。
   解析: 这是一个字面意义上的答案, 月亮最大的时候看上去当然最大。

8. **问题**: 什么东西越擦越小?
   答案: 橡皮。
   解析: 橡皮擦用来擦除笔迹, 越擦就会越小。

2.3.11 日记助手

指令

例:「请你作为我的日记助手,帮我把每天发给你的日记整理成包含时间、天气、事件的起因、事件的经过、事件的结局、人物、人物与我的关系、我今天的心情等信息的表格。〈添加相应的日记内容〉」

说明

AIGC 工具能够帮助学生整理和归档日记内容,使其更有条理和易于管理。尽管 AIGC 工具本身不会存储私人数据,但使用第三方工具或服务时需要注意个人隐私安全。

示例

请你作为我的日记助手,帮我把每天发给你的日记整理成包含时间、天气、事件的起因、事件的经过、事件的结局、人物、人物与我的关系、我今天的心情等信息的表格。

2024 年 6 月 18 日,星期二

今天的天气特别好,阳光明媚,我的心情也跟着变得轻松。早上,我和同学们一起在校园里散步,大家聊起了暑假的计划,我们对暑假真是充满了期待。我们决定一起去海边游玩,并尝尝新鲜的海鲜。下午我在图书馆复习英语,为即将到来的英语考试做准备,感觉自己的口语能力有了明显提升,尤其是在口语交际方面。但我的英语写作不是很好,最近在努力练习。晚上回到宿舍,我跟室友一起跳了健身操,出了一身汗。今天过得很充实,感觉自己在不断成长。希望未来的日子里能继续保持这样的状态,努力学习,享受生活!

这是你日记的整理表格:

时间	天气	事件的起因	事件的经过	事件的结局	人物	人物与我的关系	我今天的心情
2024年6月18日	阳光明媚	和同学们聊暑假计划	上午和同学们在校园散步,讨论去海边游玩。下午在图书馆复习英语,感到口语能力提升。晚上和室友一起跳健身操。	感觉自己不断成长,保持努力学习的状态。	同学们、室友	同学、室友	轻松、充实

如果你有其他日记要整理, 随时发给我哦!

AIGC应用指南：智能时代的必修课

2.3.12　邀请函生成器

指令

例：「〈本校打算在一月六日邀请余华老师给全校的师生做文学阅读的讲座〉。请你帮我生成一份邀请函，需要注意的是邀请函的措辞要〈非常恭敬、有礼貌，并且要充分展现本校的诚意〉，在邀请函的结尾处标注好〈我校将会安排好的住宿和接待事宜，以及负责人的联系方式。〉」

说明

你可以使用 AIGC 工具生成活动邀请函，如同学聚会、讲座、讨论会等，向受邀人传达详细信息，包括时间、地点、主题等。如果你有特殊的要求，你可在指令的后面加以强调，以便 AIGC 工具生成的内容更加符合你的要求。

示例

> 本校打算在一月六日邀请余华老师给全校的师生做文学阅读的讲座。请你帮我生成一份邀请函，需要注意的是邀请函的措辞要非常恭敬、有礼貌，并且要充分展现本校的诚意，在邀请函的结尾处标注好我校将会安排好的住宿和接待事宜，以及负责人的联系方式。

尊敬的余华老师：

您好！我们怀着无比崇敬的心情，谨向您致以最诚挚的问候。我们有幸得知您将在一月六日有可能拨冗光临我校，为我校师生开展一场文学阅读活动，深感荣幸之至。

余华老师，您是当代文学的杰出代表，您的作品以其深刻的思考和感人至深的描写赢得了广泛的赞誉。您的文字不仅渗透着对生活的独到洞察，更是激发了读者对人性、情感的思考。我们深信，您的到来必将为我校的师生带来一场精神盛宴，激发他们对文学的热爱，引领他们走向更广阔的知识天地。

为了更好地迎接您的到来，我校将精心策划并安排相关活动，确保您在我校度过愉快、充实的时光。我们将为您提供舒适的住宿和贴心的接待服务，力求让您感受到我们最诚挚的热情和周到的关怀。

期待您的光临，愿您在我校度过一个难忘的时光，为我校师生带来文学的启迪和心灵的触动。在这个特殊的时刻，我们真诚期待与您共同分享这份文学的盛宴。

如有任何需要，敬请随时与我校负责人联系，联系人信息如下：

负责人姓名：[您的姓名]
联系方式：[您的联系方式]

再次感谢您的光临，期待在一月六日与您相见！

谨致敬意，

[学校名称]
[学校地址]
[日期]

2.3.13 安全小贴士

指令

例:「〈学校的化学实验室〉需要拟定一则安全小贴士。请你作为一名〈化学实验室管理员〉,为〈实验室的师生〉拟定一则内容包含〈科学使用化学器具、妥善处置科研废料、实验室用电安全〉等的安全小贴士。如果还存在我上述未提到的事项,请你进行适当补充。」

说明

AIGC 工具可以生成与安全相关的建议,例如网络安全、个人安全、家庭安全等方面的建议,提醒用户注意安全。或者你也可以将你所撰写的安全小贴士交给 AIGC 工具进行补充。

示例

学校的化学实验室需要拟定一则安全小贴士。请你作为一名化学实验室管理员,为实验室的师生拟定一则内容包含科学使用化学器具、妥善处置科研废料、实验室用电安全等的安全小贴士。如果还存在我上述未提到的事项,请你进行适当补充。

⑨ **化学实验室安全小贴士**

亲爱的实验室师生,

为了确保我们在化学实验室中的工作和学习过程中的安全,请务必遵守以下安全小贴士:

1. **科学使用化学器具:**

   - 在进行任何实验前,请仔细阅读实验操作步骤,并确保对实验器具的正确使用有充分了解。
   - 使用正确的试剂和药品,严禁随意更换或混用。
   - 在使用玻璃器皿时,要检查是否有裂纹或其他损伤。如有发现,请立即更换。

2. **妥善处置科研废料:**

   - 实验后,务必按照规定将废弃物分类放置,不同类别的废物应有专门的容器。
   - 涉及有毒物质的实验产生的废物,应该经过专业处理,不得随意倾倒或处理。
   - 注意废物处理标识,确保每位使用者都清楚正确的处理方式。

3. **实验室用电安全:**

   - 使用实验室电器设备前,请检查设备的电源线和插头是否完好无损,不得使用有损坏的电器。
   - 离开实验室时,确保所有电器设备已正确关闭,并拔下插头。
   - 避免电源线交叉,确保通道和工作区域的电源线布局整齐有序。

4. **紧急情况与急救措施:**

   - 熟悉实验室安全出口和灭火器的位置,确保紧急情况下能够快速撤离。
   - 学会使用紧急洗眼器和紧急淋浴设备,以应对意外的化学暴露事件。
   - 每个人都应了解实验室急救箱的位置,并具备基本的急救知识。

2.3.14 密码生成器

指令

例:「〈我想自主创业,开一家属于自己的密室逃脱体验店,密室逃脱中有趣味密码解锁等难关〉。请你作为〈密码生成高手〉,帮我想出〈5〉个具有创意的密码,可以是文字、数字、拼图、激光等形式,解密要具有一定的难度。此外,你需要在每个生成的密码问题之后附上相应的解密答案。」

说明

通过与 AIGC 工具交互,可以发掘更多的密码设定和创意玩法。应注意,生成的密码仅作为娱乐参考,如果用在正式场合或者私密性较高的地方,使用者需要谨慎处理密码并确保其安全性。

示例

我想自主创业,开一家属于自己的密室逃脱体验店,密室逃脱中有趣味密码解锁等难关。请你作为密码生成高手,帮我想出 5 个具有创意的密码,可以是文字、数字、拼图、激光等形式,解密要具有一定的难度。此外,你需要在每个生成的密码问题之后附上相应的解密答案。

这里有五个具有创意的密码形式和相应的解密答案,适合用在密室逃脱体验店中:

1. **文字拼图密码**
   玩法: 在墙上贴一幅图画,图画中的各个部分用字母拼成不同的单词 (如"KEY", "DOOR", "LOCK"等)。参与者需要拼出正确的单词才能找到密码。
   解密答案: 根据图画拼出的字母,例如 "KEY"。

2. **数字排列密码**
   玩法: 参与者需要找到一组数字 (如: 2, 3, 1, 4),每个数字代表一个房间的顺序。每个房间都有一个提示,帮助他们找到下一个数字。
   解密答案: 最终排列出的数字 (如: 2314)。

3. **激光解锁密码**
   玩法: 房间中有几条激光束,参与者需要通过不同的姿势 (如趴下、侧身、跳过等) 来避开激光,激光交汇处的点会显示一个数字,参与者需要在特定的顺序下通过激光,才能解锁密码。
   解密答案: 正确的数字组合 (如: 569)。

4. **音频密码**
   玩法: 房间播放一段音频,其中包含不同的声音 (如: 铃声、鸟鸣、车声等)。参与者需要根据声音的顺序找出对应的数字密码。
   解密答案: 声音对应的数字 (如: 3142,代表铃声、鸟鸣、车声的顺序)。

5. **二维码拼图**
   玩法: 在房间的不同地方放置几个拼图块,每个拼图块上都有一个二维码。参与者需要找到所有拼图块,将它们拼合在一起后扫描二维码,获得一个最终的密码。
   解密答案: 二维码扫描后显示的数字或字母组合 (如: AB12CD)。

这些密码形式都能增加参与者的互动体验和趣味性,能够吸引他们积极参与解谜!

2.3.15 历史人物故事

指令

例:「请你作为一名〈具有多年教学经验的历史老师〉,帮我生成一个关于〈花木兰〉的历史人物故事。这个故事要包含以下要素:〈故事发生的背景、相关的人物、花木兰的性格、故事的内涵和给人的启示〉等。要求故事脉络清晰、引人入胜。」

说明

利用 AIGC 工具生成历史人物故事,学生能够学到更多的历史知识,促进对历史的理解和认识,激发对历史的兴趣。

示例

请你作为一名具有多年教学经验的历史老师,帮我生成一个关于花木兰的历史人物故事。这个故事要包含以下要素:故事发生的背景、相关的人物、花木兰的性格、故事的内涵和给人的启示等。要求故事脉络清晰、引人入胜。

在很久以前的中国古代,有一位名叫花木兰的女子,她的故事成为历史长河中一颗璀璨的明珠。花木兰生于北魏时期,正值乱世之际,战火纷飞,民不聊生。她出生在一个富裕的家庭,父亲是一名经历过许多战役的老兵,对家国充满了深厚的感情。

花木兰从小就展现出过人的聪明和勇敢,她善于驾驭马匹,熟练地使用弓箭,而且擅长武艺。她的性格坚韧,在那个时代充满了动荡和战乱的社会,她早已培养出了顽强的生存意志。

当时,北方边疆的战事日益激烈,魏国需要更多的兵源来抵御外敌。一天,花木兰的父亲患病倒下,而家里又没有其他成年男丁。面对国家的危急时刻,花木兰毅然决定代替父亲参军,投身战场。

她剪去了自己的长发,换上了父亲的戎装,化身为一名英勇的战士。在军中,她以其出色的武艺和军事才能很快崭露头角,成为了众人瞩目的焦点。然而,在这个过程中,她绝不暴露自己的真实身份。

花木兰的军旅生涯中,她经历了无数次的厮杀和生死考验,但她始终坚守初心,默默地为家国赴汤蹈火。她深藏的才情和坚定的信仰让她在军队中取得了重要的战功,赢得了将领们的信任。

然而,当战争即将结束时,花木兰终于不得不面对揭露真相的时刻。一位同僚发现了她的女儿身份,而花木兰也在这一刻陷入了巨大的困境。尽管她为国家付出了一切,但她的女性身份仍然被视为不符合军队规定,甚至可能受到法律的制裁。

最终,面对这个困境,花木兰毅然放下武器,暴露了自己的真实身份。然而,这一次,她并没有遭到惩罚,而是得到了将领们的理解和尊重。她的英勇事迹传为佳话,成为了一代传奇。

花木兰的故事告诉我们,无论男女,只要心怀正义和忠诚,都能为国家和人民做出伟大的贡献。她的坚持和牺牲精神成为后人学习的楷模,她的故事激励着一代又一代的人,让他们明白,每一个个体都有可能在关键时刻挺身而出,为了正义和自由勇往直前。

2.3.16　历史人物形象

指令

例：「请你生成一幅图片,图片中〈花木兰身穿战甲,骑一匹战马,奔驰在巍峨的群山和潺潺流水之间,山水的庞大和花木兰人物的小形成强烈的视觉对比〉。要求:〈广角〉、〈黑白水墨画〉。」

说明

AIGC工具可以生成生动的、吸引人的历史人物插图,有助于学生更好地理解历史人物,使学习历史变得更加有趣。

示例

请你生成一幅图片,图片中花木兰身穿战甲,骑一匹战马,奔驰在巍峨的群山和潺潺流水之间,山水的庞大和花木兰人物的小形成强烈的视觉对比。要求:广角、黑白水墨画。

第3章 社会实践篇

3.1 写报告

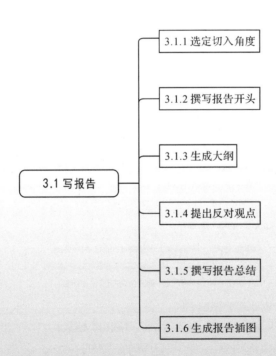

3.1.1 选定切入角度

指令

例:「我准备写一篇关于〈全球气候变化〉的报告。我需要你提供独特且具有探讨价值的切入角度,如〈气候变化对农业的影响、气候变化与极端天气事件的关系、气候变化对海平面上升的影响等〉。」

说明

在撰写关于复杂主题如全球气候变化的报告时,选定一个合适的切入角度对于深入探讨问题和吸引读者非常关键。一个好的切入角度有利于聚焦主题的某个特定方面,从而使报告更加深入和有针对性。AIGC 工具能够为学生提供多个研究角度,使学生有更多的选择。

示例

我准备写一篇关于全球气候变化的报告。我需要你提供独特且具有探讨价值的切入角度,如气候变化对农业的影响、气候变化与极端天气事件的关系、气候变化对海平面上升的影响等。

当然,关于全球气候变化的报告有很多独特且具有探讨价值的切入角度。以下是几个可能的角度,你可以选择其中一个或多个进行探讨:

1. **气候变化对农业的影响**:

   - **作物产量和农作物分布**:研究气候变化如何影响不同地区的作物产量和种植模式。
   - **病虫害的变化**:气候变化如何改变病虫害的分布和频率,以及这对农业的影响。
   - **农民适应策略**:探讨农民如何调整耕作方式以应对气候变化。

2. **气候变化与极端天气事件的关系**:

   - **极端天气事件的频率和强度**:分析气候变化是否导致了更多的极端天气事件,如飓风、洪水、干旱等。
   - **极端天气事件的经济和社会影响**:评估这些事件对经济、社会基础设施和人类健康的影响。
   - **应对和适应策略**:讨论政府和社区如何应对极端天气事件,以减少损失。

3. **气候变化对海平面上升的影响**:

   - **沿海地区的威胁**:研究海平面上升对沿海城市和生态系统的影响。
   - **海平面上升的速度和预测**:分析不同模型对未来海平面上升的预测。
   - **迁移和安置**:探讨受海平面上升威胁的居民的迁移和安置问题。

4. **气候变化对生物多样性的影响**:

   - **物种迁移和灭绝**:研究气候变化对动植物物种迁移和灭绝的影响。
   - **生态系统的变化**:分析不同生态系统如何应对气候变化。
   - **保护措施**:探讨哪些措施可以帮助保护生物多样性应对气候变化。

5. **气候变化对公共健康的影响**:

   - **传染病的传播**:研究气候变化如何影响传染病的传播,如蚊媒疾病。
   - **极端温度对健康的影响**:分析高温和低温事件对人类健康的直接和间接影响。
   - **健康系统的应对策略**:探讨医疗系统如何准备和应对气候变化带来的健康挑战。

3.1.2 撰写报告开头

指令

例：「我正准备撰写一篇关于〈"在线教育与传统教育模式的比较"〉的报告，需要你帮助我撰写报告的开头部分。请在开头明确指出〈为什么当前这个话题很重要，并简要介绍在线教育和传统教育各自的特点〉，应有〈一些相关的统计数据或趋势〉，以引起读者的兴趣。」

说明

报告的开头是吸引读者并设定论文基调的关键部分，一个信息丰富且引人入胜的开头至关重要。这不仅能够激发读者的兴趣，还能帮助他们了解相关领域的发展及其对学生和教育者的影响。AIGC 工具能够帮助学生撰写一个清晰、有吸引力的报告开头，确保报告从一开始就能吸引读者，并清楚地展现主题和目的。

示例

我正准备撰写一篇关于"在线教育与传统教育模式的比较"的报告，需要你帮助我撰写报告的开头部分。请在开头明确指出为什么当前这个话题很重要，并简要介绍在线教育和传统教育各自的特点，应有一些相关的统计数据或趋势，以引起读者的兴趣。

在当今数字化时代，教育领域正在经历一场深刻的变革。在线教育与传统教育模式的比较成为了当前学术研究和公共讨论的热点话题。这一讨论的重要性在于，随着科技的迅猛发展和互联网的普及，教育方式正在迅速多样化，学生和教育工作者需要了解不同教育模式的优劣，以做出明智的选择。

近年来，在线教育的崛起势不可挡。据统计，全球在线教育市场在2023年达到了3150亿美元，预计到2027年将突破4500亿美元大关。在线教育凭借其灵活性和便利性吸引了大量学生，尤其是在疫情期间，在线教育更是成为了主流教育模式的替代方案。通过互联网和各种数字平台，学生可以随时随地获取教育资源，享受个性化的学习体验。

相比之下，传统教育模式有着悠久的历史，其优势在于提供了系统化的教学结构和面对面的互动机会。传统课堂中的师生互动和同学间的交流能够促进学生的社交能力和团队合作精神。此外，固定的上课时间和地点为学生提供了一个稳定的学习环境，有助于学生养成良好的学习习惯和纪律性。

在线教育和传统教育各有其独特的优势和挑战。在线教育的灵活性虽然能够满足不同学习者的需求，但也可能因为缺乏面对面的监督和互动而影响学习效果。传统教育的互动性和结构性虽然有助于培养全面发展的学生，但其固定的时间和地点限制了学习的灵活性和自主性。

通过对在线教育与传统教育模式的比较研究，我们能够更好地理解两者在不同教育情境下的适用性和效果，从而为未来教育模式的优化提供科学依据和实践指导。这不仅有助于提高教育质量，也能够满足多样化的学习需求，推动教育公平和普及。

综上所述，在线教育与传统教育模式的比较研究不仅具有理论意义，更具有现实指导价值。通过深入分析两者的特点和影响，我们可以为学生、教育工作者以及政策制定者提供有价值的参考，帮助他们在快速变化的教育环境中做出明智的决策。

3.1.3 生成大纲

指令

例：「我目前正准备撰写一篇关于〈"技术在教育中的作用和影响"〉的报告。我需要你帮我制定一个详细的报告大纲。大纲应该囊括报告的主要内容，如〈技术在教育中的应用、技术对学习方式的影响、技术给教师角色带来的改变以及技术带来的挑战和机遇〉。」

说明

一个清晰的结构化的大纲是撰写报告的基础。特别是在探讨如"技术在教育中的作用和影响"这样的多维度主题时，一个详细的大纲对于组织观点和确保报告覆盖所有关键点至关重要。AIGC工具可以帮助学生创建大纲，确保报告的每个部分都有条理且内容丰富，突出报告的核心主题和论点，促使学生更有效地撰写报告，从而使报告既全面又深入。

示例

> 我目前正准备撰写一篇关于"技术在教育中的作用和影响"的报告。我需要你帮我制定一个详细的报告大纲。大纲应该囊括报告的主要内容，如技术在教育中的应用、技术对学习方式的影响、技术给教师角色带来的改变以及技术带来的挑战和机遇。

好的，以下是一个详细的报告大纲，供你参考：

技术在教育中的作用和影响

一、引言

1. 报告背景和目的
2. 研究方法与结构说明

二、技术在教育中的应用

1. 教学工具和平台
   - 在线学习平台（如学堂在线、网易云课堂）
   - 教学管理系统（如超星学习通、智慧树）
   - 虚拟教室和视频会议工具（如钉钉、腾讯会议）
2. 互动与协作技术
   - 互动白板和智能黑板
   - 教学应用和移动设备（如智慧校园APP）
   - 社交媒体和学习社区（如微信、QQ学习群）
3. 个性化学习技术
   - 自适应学习系统（如智学网）
   - 数据驱动的学习分析
   - 智能辅导系统（如小猿搜题、作业帮）

三、技术对学习方式的影响

1. 学习资源的可及性
   - 电子书和在线资源（如中国知网、书旗小说）
   - 开放教育资源（如中国大学MOOC）

3.1.4　提出反对观点

指令

例:「我正在准备一篇关于〈"可再生能源在未来能源结构中的作用"〉的报告,请就〈"可再生能源将成为未来主要能源"〉这个观点,生成几个可能的反对观点,可从〈可再生能源的挑战和局限性〉的角度切入,涉及〈成本问题、技术可靠性问题等〉方面。」

说明

在撰写关于复杂和多面性议题的报告时,考虑并提出反对观点是至关重要的。这不仅有助于展示问题的不同方面,还能提高报告的全面性和深度。特别是在探讨诸如可再生能源这样的话题时,理解和讨论其潜在挑战和局限性对于形成一个均衡且深入的视角是必不可少的。AIGC工具可以帮助学生提出有力的反对观点,使得学生在讨论可再生能源的未来角色时,不仅关注其潜在优势,而且考虑相关的挑战和局限性。

示例

我正在准备一篇关于"可再生能源在未来能源结构中的作用"的报告,请就"可再生能源将成为未来主要能源"这个观点,生成几个可能的反对观点,可从可再生能源的挑战和局限性的角度切入,涉及成本问题、技术可靠性问题等方面。

当然,以下是一些关于可再生能源挑战和局限性的反对观点:

1. 成本问题

初始投资高:虽然可再生能源如太阳能和风能的运营成本较低,但其初始投资成本仍然非常高。建设太阳能电站、风力发电厂或其他可再生能源设施需要大量的资金,这可能使得许多发展中国家和经济不发达地区难以承受。

经济可行性:可再生能源项目的经济效益往往需要依赖政府补贴和激励政策。一旦这些政策变化或取消,项目的可行性可能受到严重影响,从而影响其长期发展。

2. 技术可靠性问题

间歇性和不稳定性:可再生能源如太阳能和风能具有间歇性和不稳定性,这意味着它们无法全天候、全年提供稳定的电力供应。阴天、无风天等情况会导致能源生产中断,这对于能源需求较高的地区来说是一个重大问题。

存储和输电技术限制:目前的电力存储技术(如电池)和长距离输电技术仍然存在局限,难以有效储存和输送可再生能源。这会导致能源浪费和供需不匹配的问题。

3. 环境和土地利用问题

环境影响:虽然可再生能源相对传统化石燃料更为环保,但其生产和安装过程中也会对环境产生影响。例如,风力发电机和太阳能电池板的制造需要大量资源,并会产生一定的污染。

土地利用冲突:大规模的可再生能源设施(如风力发电场、太阳能电站)需要大量土地,这可能会与农业、居住和自然保护区的土地利用产生冲突,特别是在人口密集或土地资源紧张的地区。

4. 资源获取问题

稀有资源依赖:一些可再生能源技术需要依赖稀有资源(如锂、钴等)来制造电池和其他关键组件。这些资源的开采和供应链问题可能会对可再生能源的发展带来不确定性和风险。

5. 社会和经济影响

就业影响:虽然可再生能源产业会创造新的就业机会,但传统能源行业的从业者可能会面临失业和再就业困难。这种过渡过程中的社会影响需要认真考虑和应对。

3.1.5 撰写报告总结

指令

例:「我正在撰写关于〈"数字化对现代教育影响"〉的报告,需要你帮我撰写报告的总结部分。请在总结中回顾报告的主要论点,如〈数字化如何改变教学方法和学习体验,这些变化对学生和教师有哪些潜在影响〉。同时,〈展望未来,提出建议〉。〈添加该篇报告的内容〉」

说明

报告的总结部分对于强化主要论点和给读者留下深刻印象至关重要。它不仅需要回顾报告中提出的关键观点,还应该包括对未来的展望和建议。AIGC 工具可以协助学生撰写一个简洁而深刻的总结,确保报告不仅总结目前的情况,而且能展望未来。通过这样的方法,学生可以更有效地阐述他们的研究成果,激发他们对话题的进一步思考。

示例

我正在完成关于"数字化对现代教育影响"的报告,需要你帮我撰写报告的总结部分。请在总结中回顾报告的主要论点,如数字化如何改变教学方法和学习体验,这些变化对学生和教师有哪些潜在影响。同时,展望未来,提出建议。

随着信息技术的迅猛发展,数字化正在以惊人的速度渗透到各个领域,教育也不例外。数字化教育利用现代科技手段,通过互联网和电子设备,实现教育资源的共享和教学模式的创新。本文将探讨数字化对现代教育的影响,包括其带来的机遇和挑战。数字化教育打破了地域限制,使得优质教育资源可以通过互联网传递到世界各地。这为偏远地区和教育资源匮乏的地区提供了接受优质教育的机会。通过数据分析和人工智能技术,数字化教育能够根据每个学生的学习进度和兴趣爱好,提供个性化的学习方案,从而提高学生学习效果。数字化教育平台通过多媒体技术和互动工具,使得学生能够更加主动地参与学习,增加了学习的趣味性和互动性。数字化教育能够通过各种在线评估工具,对学生的学习情况进行实时监控和反馈,帮助学生及时发现并纠正学习中的问题。数字化教育的普及有助于缩小城乡教育差距,使更多的学生能够接触优质的教育资源,促进教育公平。个性化的学习方案和实时反馈机制,使得学生能够更高效进行学习,改善学习效果,提高学习效率。数字化教育为人们提供了随时随地学习的机会,推动了终身学习理念的实现。数字化教育促进了教学方法和模式的创新,丰富了教学内容和形式,使教育更加灵活和多样化。尽管数字化教育优势显著,但在实施过程中仍然面临技术设备的普及和网络覆盖的问题,特别是在一些偏远和经济欠发达地区。不同地区和家庭之间的数字设备和网络接入差异,导致了新的教育不平等问题,即所谓的数字鸿沟。教师在教学方式和理念上的转变需要时间和培训,如何提高教师的信息素养和数字化教学能力成为一大挑战。学生数据的收集和使用涉及隐私保护和数据安全问题,如何在保障教育质量的同时保护学生隐私,是数字化教育需要解决的重要问题。

总结

本文回顾了数字化对现代教育的深远影响,探讨了其带来的机遇和挑战。数字化教育通过资源共享、个性化学习、互动与参与以及实时反馈,改变了传统的教学方法和学习体验。这些特征不仅促进了教育公平性,提高了学习效率,还推动了终身学习和教学创新。

在机遇方面,数字化教育通过互联网和电子设备打破了地域限制,使优质教育资源得以广泛传播,尤其是对偏远地区和资源匮乏地区的学生来说,提供了更多的学习机会。同时,个性化的学习方案和实时反馈机制提高了学生的学习效果和效率,促进了教学模式的创新,使教育变得更加灵活和多样化。

然而,数字化教育也面临着不少挑战。首先,技术设备的普及和网络覆盖问题在一些偏远和经济欠发达地区仍然存在,制约了数字化教育的全面推广。其次,不同地区和家庭之间的数字设备和网络接入差异导致新的教育不平等问题,即所谓的数字鸿沟。此外,教师需要时间和培训来适应新的教学方式和理念,提高其信息素养和数字化教学能力。最后,学生数据的隐私保护和安全问题也是数字化教育需要解决的重要课题。

展望未来,数字化教育的发展需要各方共同努力,制定科学合理的政策和措施,以确保其健康发展。政府应加大对教育技术的投入,推动网络基础设施建设,缩小数字鸿沟。同时,教育机构应加强教师培训,提高其数字化教学能力,确保教师能够有效利用数字化工具进行教学。此外,还需建立完善的数据隐私保护机制,保障学生的数据安全。

总之,数字化为现代教育带来了新的机遇和挑战。我们应积极应对这些挑战,把握数字化教育的机遇,共同推动教育的进步与发展,为学生提供更优质的学习体验,培养适应未来社会发展的创新人才。

3.1.6　生成报告插图

指令

例:「我正在写一份关于〈"环保"〉的报告。我想生成一幅关于〈"环境保护"〉主题的画,具体来说,是一幅展现〈城市与自然和谐共存〉场景的画。〈画面中心是一座充满绿色植物的现代城市,高楼大厦间有树木和花草,屋顶上覆盖着郁郁葱葱的绿色植物〉。画面体现〈生态友好和可持续发展〉的理念。」

说明

使用 AIGC 生成与环保相关的画作是一种富有创造性和意义的活动。通过向 AIGC 详细描述想要展现的主题、场景和风格,学生可以在 AIGC 的协助下创造出既具有视觉吸引力又富有教育意义的艺术作品。

示例

我正在写一份关于"环保"的报告。我想生成一幅关于"环境保护"主题的画,具体来说,是一幅展现城市与自然和谐共存场景的画。画面中心是一座充满绿色植物的现代城市,高楼大厦间有树木和花草,屋顶上覆盖着郁郁葱葱的绿色植物。画面体现生态友好和可持续发展的理念。

3.2 资料整理

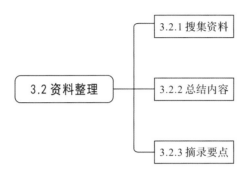

3.2.1　搜集资料

指令

例：「我正在进行一项关于〈"人工智能在医疗领域中的应用"〉的研究，需要你帮我搜集相关资料。请搜索关于〈人工智能在医疗领域的最新应用、技术进展，以及这些技术如何改善患者护理和医疗服务〉的信息。我对〈人工智能在诊断、治疗规划和患者管理中的应用〉特别感兴趣。」

说明

在进行学术研究或撰写报告时，搜集相关的高质量资料是非常重要的一步。特别是对快速发展的领域的研究，如人工智能在医疗领域中的应用，了解最新的技术进展和应用案例至关重要。

示例

> 我正在进行一项关于"人工智能在医疗领域中的应用"的研究，需要你帮我搜集相关资料。请搜索关于人工智能在医疗领域的最新应用、技术进展，以及这些技术如何改善患者护理和医疗服务的信息。我对人工智能在诊断、治疗规划和患者管理中的应用特别感兴趣。

> ⑤　已搜索4个网站
>
> 关于人工智能在医疗领域的最新应用和技术进展，以下是一些关键点和案例研究：
>
> 1. **诊断**：人工智能在医学影像分析中的应用已经取得显著进展。通过深度学习算法，AI能够快速准确地分析X光片、CT扫描和MRI图像，用于早期发现疾病，如肺癌、乳腺癌和脑部疾病。例如，Google Health开发的AI系统在乳腺癌筛查中表现出比放射科医生更高的准确率【6】。
>
> 2. **治疗规划**：人工智能辅助的治疗规划系统可以根据患者的病历和大数据分析，为个性化治疗提供建议。在放射治疗中，AI可以优化放射剂量，减少对健康组织的损伤。Varian公司的AI系统通过分析大量病例数据，提供个性化的放射治疗方案，已被多家医院采用【7】。
>
> 3. **患者管理**：AI技术在患者管理方面也展现出巨大潜力。通过自然语言处理和机器学习，AI可以监测患者的病情变化，提供远程健康监控和预警系统。例如，IBM Watson Health开发的AI系统能够帮助医生管理慢性病患者，及时调整治疗方案【8】。
>
> 这些技术不仅提高了诊断和治疗的准确性，还改善了患者护理质量，减少了医疗资源的浪费。在未来，随着技术的进一步发展，人工智能有望在更多医疗领域发挥关键作用，推动医疗服务的整体提升。
>
> 来源：
>
> - Google Health乳腺癌筛查研究【6】
> - Varian公司的放射治疗优化系统【7】
> - IBM Watson Health的慢性病管理系统【8】

3.2.2 总结内容

指令

例：「请你帮我概括〈《大学》〉中关于〈个人修养、社会责任和政治治理的核心理念〉，以及〈这些理念对于个人和社会发展的意义〉。」

说明

在学术研究中，对文献进行有效的内容总结对于理解其深刻含义至关重要。文献往往包含复杂的理念和丰富的信息，因此准确提炼关键观点是一项挑战。AIGC工具在这方面提供了极大的帮助，它能够快速分析文本内容，提取和总结主要观点，从而帮助学生更好地理解文献内容。学生利用 AIGC 工具进行文献内容总结，不仅可以节省时间，还能更有效地掌握和应用所获得的知识。

示例

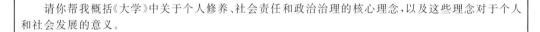

请你帮我概括〈《大学》〉中关于个人修养、社会责任和政治治理的核心理念，以及这些理念对于个人和社会发展的意义。

　　《大学》中强调了个人修养、社会责任和政治治理的核心理念。个人修养包括修身、齐家、治国、平天下，强调个人应通过修养自身，以达到家庭和社会的和谐。社会责任强调个人应承担起对社会的责任，关心国家大事，促进社会和谐。政治治理强调君主为政以德治，通过德治来达到政治治理的目的。这些理念对于个人和社会发展意义重大，可以促进个人的全面发展和社会的稳定与繁荣。

3.2.3 摘录要点

指令

例:「我是一名〈教育学研究生〉,正在研究〈多元文化教育的实践和理论〉。我需要你帮我摘录这一领域的关键点和最新趋势。请根据最新的研究和报道,提供关于〈多元文化教育的实践方法、理论框架、潜在影响,以及在不同教育系统中的应用情况〉的摘要。」

说明

在进行专业领域研究时,准确地摘录关键信息和最新趋势是一项重要的技能。对于快速发展和变化的领域的研究,如多元文化教育,获取最新的理论和实践方法是至关重要的。AIGC 工具提供了有效的帮助,它能够迅速分析和处理大量数据,为用户提供所需的信息。利用 AIGC 工具的这种能力,学生可以高效地获取关键信息,从而更深入地理解所研究的领域。

示例

> 我是一名教育学研究生,正在研究多元文化教育的实践和理论。我需要你帮我摘录这一领域的关键点和最新趋势。请根据最新的研究和报道,提供关于多元文化教育的实践方法、理论框架、潜在影响,以及在不同教育系统中的应用情况的摘要。

多元文化教育是指通过认可和尊重不同文化、种族、宗教、性别、性取向、能力和社会地位的个体之间的差异,促进平等、包容和公正的教育。以下是该领域的关键点和最新趋势:

1. **实践方法**:
   - **文化敏感教学**:教师需要了解学生的文化背景,并将其融入课程设计和教学活动中,以提高学生的学习成效。
   - **多元文化教育培训**:为教师提供多元文化教育培训,使其能够更好地应对多元化的教室环境和学生群体。
   - **跨文化交流项目**:通过与其他国家或地区的学生和教师开展项目合作,促进跨文化理解和交流。

2. **理论框架**:
   - **文化相对主义**:认为文化是个体行为和思维的根源,不同文化应该被尊重和理解。
   - **社会正义教育**:强调通过教育消除社会不平等和不公正,包括种族、性别和经济方面的不平等。

3. **潜在影响**:
   - **促进社会融合**:多元文化教育有助于不同文化群体之间的相互理解和融合,减少文化冲突和歧视。
   - **提高学习成效**:适应学生的文化背景和需求,可以提高他们的学习积极性和成绩。

4. **不同教育系统中的应用情况**:
   - **美国**:多元文化教育是美国教育系统的重要组成部分,旨在促进学生对不同文化的理解和尊重。
   - **欧洲**:欧洲各国在教育中也越来越重视多元文化教育,特别是面对不断增长的移民和难民群体。

总体而言,多元文化教育在全球范围内受到越来越多的重视,其实践方法和理论框架不断发展和完善,以适应日益多样化的教育需求和文化环境。

3.3 履历定制

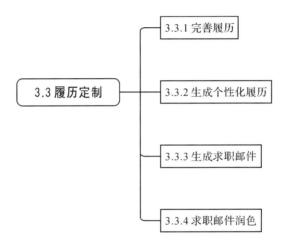

```
                    ┌─────────────────┐
                    │ 3.3.1 完善履历  │
                    └─────────────────┘
                    ┌─────────────────┐
┌──────────────┐    │ 3.3.2 生成个性化履历 │
│ 3.3 履历定制 │────┤                 │
└──────────────┘    └─────────────────┘
                    ┌─────────────────┐
                    │ 3.3.3 生成求职邮件 │
                    └─────────────────┘
                    ┌─────────────────┐
                    │ 3.3.4 求职邮件润色 │
                    └─────────────────┘
```

3.3.1　完善履历

指令

例:「我之前已经初步制作了一份履历,现在我需要完善它。我的专业是〈市场营销〉,我希望在履历中〈突出我的实习经验、参与市场分析项目的经验和社交媒体管理能力〉。我参加过〈一些相关的工作坊和研讨会〉,请帮我将这些信息融入履历中,以更全面地展示我的能力。〈添加履历初稿〉」

说明

在职场竞争日益激烈的今天,精心制作的履历对于求职者来说至关重要。它既是向雇主展示自己技能和经验的窗口,也是个人专业形象的重要体现。AIGC 工具可以根据求职者的基本资料和具体需求,有效地整合和呈现信息,使履历不仅能够更好地吸引雇主,还能够准确地反映求职者的职业能力和发展潜力。借助 AIGC 工具,求职者可以提高他们的履历质量,从而在求职过程中更具竞争力。

示例

我之前已经初步制作了一份履历,现在我需要完善它。我的专业是市场营销,我希望在履历中突出我的实习经验、参与市场分析项目的经验和社交媒体管理能力。我参加过一些相关的工作坊和研讨会,请帮我将这些信息融入履历中,以更全面地展示我的能力。

姓名:李明
地址:北京市朝阳区建国路 88 号
电话:123-4567-890
邮箱:iming@example.com
教育背景:北京大学　学士学位　市场营销专业
2019 年 9 月—2023 年 6 月
实习经验:星挥传媒有限公司(2022 年 6 月—2022 年 9 月)
职位:市场营销实习生
责任和成就:协助进行市场调研,分析竞争对手策略和消费者行为。参与策划社交媒体推广活动,成功提高产品在微博和微信上的曝光率,协助组织线上直播活动,吸引超过 10 万名观众参与。
项目经验:校园市场推广项目(2021 年 9 月—2021 年 12 月)
项目描述:作为团队成员,负责校园内新产品的推广活动。
主要成就:利用问卷调查收集学生对产品的反馈,为产品迭代提供数据支持。通过策划创意活动,使产品在学生中的知名度提升 50%。
技能:市场分析、社交媒体运营、项目管理创意营销数据分析等经历。

姓名:李明
地址:北京市朝阳区建国路88号 电话:123-4567-890 邮箱:iming@example.com

教育背景
北京大学
学士学位,市场营销专业
2019年9月-2023年6月

实习经验
星挥传媒有限公司 (2022年6月-2022年9月)
职位:市场营销实习生
责任和成就:
- 协助进行市场调研,深入分析竞争对手策略和消费者行为。
- 参与策划社交媒体推广活动,成功提高品牌在微博和微信的曝光率。
- 协助组织线上直播活动,吸引超过10万名观众参与,提升品牌知名度。
- 通过数据分析,优化广告投放策略,提高转化率和用户参与度。

项目经验
校园市场推广项目 (2021年9月-2021年12月)
项目描述:作为团队成员,负责校园内新产品的推广活动。
主要成就:
- 利用问卷调查收集学生对产品的反馈,为产品迭代提供数据支持。
- 通过策划创意活动,成功提升产品在学生中的知名度,增长50%。
- 负责项目进度管理,确保活动按计划完成,达到预期效果。

技能
- 市场分析:深入了解市场趋势,准确把握竞争对手动态。
- 社交媒体运营:熟练运用微博、微信等社交媒体平台进行品牌推广。
- 项目管理:具备项目进度把控和团队协作能力。

3.3.2 生成个性化履历

指令

例：「我是一名〈大学即将毕业的学生〉，专业是〈环境科学〉。我正在申请〈环境咨询公司的初级分析师〉职位，希望你能帮我定制一份个性化履历。在大学期间，我参与了与环境保护相关的项目，如〈关于水质分析的研究〉，并〈在环境保护组织实习〉。此外，我也积极参加了〈相关的研讨会和工作坊〉。请根据这些信息，帮我创建一份突出我的专业知识、项目经验和实习经历的履历。」

说明

在求职过程中，定制一份针对特定职位和行业的个性化履历非常关键。AIGC工具可以根据求职者的具体经历和目标职位，定制一份专业且具有针对性的履历，这不仅有助于展示求职者的专业能力和潜力，也能提高其在竞争激烈的职场中脱颖而出的可能性。

示例

我是一名大学即将毕业的学生，专业是环境科学。我正在申请环境咨询公司的初级分析师职位，希望你能帮我定制一份个性化履历。在大学期间，我参与了与环境保护相关的项目，如关于水质分析的研究，并在环境保护组织实习。此外，我也积极参加了相关的研讨会和工作坊。请根据这些信息，帮我创建一份突出我的专业知识、项目经验和实习经历的履历。

当然可以！以下是根据您提供的信息定制的个性化履历示例：

履历

个人信息

- 姓名：[您的姓名]
- 联系方式：[您的联系方式]
- 地址：[您的地址]
- 电子邮箱：[您的电子邮箱]

教育背景

- 环境科学学士学位
- [您的大学名称]，就读时间：[就读时间]
- 相关课程：环境保护原理、环境监测与评价、环境影响评价等

项目经验

1. 水质分析研究
   - 研究目的：分析当地河流水质状况，并探讨可能的改善方案
   - 方法：采集水样进行物理、化学和生物学分析，包括pH值、溶解氧、氨氮等指标
   - 结果：发现水质存在一定程度的污染，建议加强排污管控和生态修复工作
   - 负责工作：数据采集、实验操作、数据分析和报告撰写

实习经历

- 环境保护组织实习
  - 公司名称：[环境保护组织名称]
  - 实习时间：[实习时间]

3.3.3　生成求职邮件

指令

例：「我是一名〈应届毕业生〉，专业是〈软件工程〉。我想申请〈XYZ科技公司的软件开发工程师〉职位，需要你帮我撰写一封求职邮件。请在邮件中简要介绍我的情况，包括〈在大学期间完成的相关课程和项目，以及我对编程和软件开发的热情〉。同时，也请表达〈我对于加入XYZ科技公司团队的兴趣〉。」

说明

撰写求职邮件是职场沟通的一个重要环节，尤其是在申请工作时。一个好的求职邮件不仅需要介绍个人的教育背景和技能，还应该表达对职位的兴趣和对公司的了解。借助AIGC工具撰写求职邮件可以让邮件内容既专业又具有吸引力，能够有效地传达求职者的个人特色和职业志向。精心撰写的求职邮件，可使求职者在众多候选人中脱颖而出，提高获得面试的概率。

示例

> 我是一名应届毕业生，专业是软件工程。我想申请XYZ科技公司的软件开发工程师职位，需要你帮我撰写一封求职邮件。请在邮件中简要介绍我的情况，包括在大学期间完成的相关课程和项目，以及我对编程和软件开发的热情。同时，也请表达我对于加入XYZ科技公司团队的兴趣。

当然可以！以下是一封求职邮件的范例，你可以根据需要进行适当调整和修改：

主题：申请软件开发工程师职位的求职信

尊敬的招聘团队，

我是一名应届毕业生，专业是软件工程。我对贵公司的软件开发工程师职位充满热情，并希望能成为贵公司团队的一员。

在大学期间，我学习了各种软件开发相关课程，包括数据结构、算法设计、软件工程等。通过这些课程，我掌握了多种编程语言和开发工具，如Java、C++、Python、Git等，并在项目中应用这些知识进行实践。我还参与了多个软件开发项目，包括一个基于Web的在线商城系统和一个用于学生信息管理的数据库应用程序。这些项目经历不仅增强了我的团队合作能力和解决问题的能力，还让我更深入地了解了软件开发的流程和方法。

我对编程和软件开发充满激情，喜欢挑战自己并不断学习新知识。我相信，通过加入贵公司团队，我将有机会在一个创新和充满活力的环境中发展自己的技能，并为公司的发展贡献自己的力量。

我非常希望能有机会加入贵公司，并为贵公司的成功做出贡献。期待能得到您的回复，谢谢！

此致
敬礼

[你的名字]

希望这封求职邮件能帮助到你！如果需要进一步帮助或修改，请随时告诉我。

3.3.4 求职邮件润色

指令

例：「我自己已经写好了一份求职邮件，需要你帮我对这封邮件进行润色。邮件中我介绍了〈自己的学术背景和对这个实习职位的兴趣〉，请帮我调整邮件的措辞，使〈语言更加专业和引人注意〉。同时〈能够有效地表达我的热情和适合这个职位的理由〉。〈添加求职邮件的内容〉」

说明

使用 AIGC 工具进行求职邮件润色是一种高效且有效的方法，AIGC 可以帮助学生在求职竞争中脱颖而出。AIGC 工具可以对邮件进行细致的润色，提高其专业性和吸引力，使邮件的语言既准确又具有说服力。求职邮件经过精心润色，可以更有效地展示你的个性、能力和对职位的热情。

示例

我自己已经写好了一份求职邮件，需要你帮我对这封邮件进行润色。邮件中我介绍了自己的学术背景和对这个实习职位的兴趣，请帮我调整邮件的措辞，使语言更加专业和引人注意。同时能够有效地表达我的热情和适合这个职位的理由。

尊敬的 XYZ 科技公司招聘团队：

您好！我是一名即将毕业的软件工程专业学生，怀揣对编程和软件开发的热情，我非常期待有机会加入 XYZ 科技公司的团队，为贵公司的创新项目贡献我的技能和热情。在大学期间，我专注于软件工程领域，通过学业和实践积累了丰富的经验。我的课程涵盖了软件工程的核心概念，包括数据结构、算法设计、数据库管理等方面。我曾参与并完成了多个项目，其中包括一个基于 Java 的在线图书管理系统，以及一个使用 Python 和 Django 框架构建的社交网络应用。这些项目不仅锻炼了我的编程技能，也培养了我在团队合作、问题解决和项目管理方面的能力。我对于软件开发的热情源自对技术创新的追求以及对解决现实问题的渴望。在我的项目经历中，我学到了如何将理论知识应用于实际项目中，并不断优化和改进解决方案以满足用户需求。我相信这种积极的学习态度和对挑战的勇气将使我在贵公司的项目中脱颖而出。XYZ 科技公司一直以其创新和团队合作的文化而闻名，我对于在这样一个富有活力和专业精神的团队中工作充满了期待。我认为，通过与贵公司卓越的工程师和团队成员合作，我将有机会不断提升自己的技术水平，同时为公司的成功做出贡献。衷心感谢您抽出时间阅读我的申请。我期待着能够进一步讨论我的申请，并展示我如何将我的技能和热情带入 XYZ 科技公司。

谢谢！

尊敬的XYZ科技公司招聘团队，

您好！我即将毕业于软件工程专业，怀揣着对编程和软件开发的深厚热情。我急切期待着有机会成为XYZ科技公司团队的一员，为贵公司的创新项目贡献我的技能和激情。在我的大学学业中，我专注于软件工程领域，通过理论学习和实践项目的不懈努力，积累了丰富的经验。

我的学业涵盖了软件工程的核心概念，包括数据结构、算法设计、数据库管理等方面。我曾参与并成功完成多个项目，其中包括一个基于Java的在线图书管理系统，以及一个采用Python和Django框架构建的社交网络应用。这些项目不仅锤炼了我的编程技能，还培养了我在团队合作、问题解决和项目管理方面的卓越能力。

我对软件开发的热情源自对技术创新的追求和对解决实际问题的渴望。在我的项目经历中，我深刻理解了如何将理论知识应用于实际项目，并通过不断优化和改进解决方案以满足用户需求。我相信这种积极的学习态度和对挑战的勇气将使我在贵公司的项目中脱颖而出。

XYZ科技公司一直以其创新和团队合作的文化而著称，我对在这样一个充满活力和专业精神的团队中工作充满期待。我坚信，通过与贵公司卓越的工程师和团队成员紧密合作，我将有机会不断提升自己的技术水平，同时为公司的成功做出积极贡献。

感谢您抽出时间阅读我的申请。期待能有机会进一步讨论我的申请，展示我如何将我的技能和激情融入XYZ科技公司。

衷心感谢！

敬礼，

[您的姓名]
[您的联系方式]

3.4　面试准备

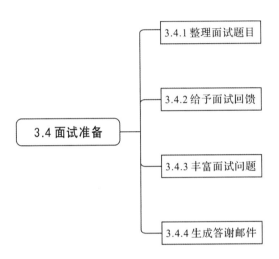

3.4.1 整理面试题目

指令

例：「我是〈商业管理专业〉的〈大四学生〉，即将参加〈一家大型咨询公司的面试〉，需要你帮我整理在面试中可能遇到的常见问题。请根据〈商业管理专业和咨询行业〉的特点，列出一些典型的面试题目，例如关于〈团队合作、问题解决、项目管理和行业知识〉等方面的问题。」

说明

对于即将面临职场面试的学生来说，提前准备和了解可能的面试问题是非常重要的。AIGC工具可以根据特定行业和职位的特点，提供一系列可能的面试问题，这些问题涵盖了从个人能力到专业知识等各个方面，帮助学生更全面地准备，提高成功获得职位的可能性。

示例

我是商业管理专业的大四学生，即将参加一家大型咨询公司的面试，需要你帮我汇总在面试中可能遇到的常见问题。请根据商业管理专业和咨询行业的特点，列出一些典型的面试题目，例如关于团队合作、问题解决、项目管理和行业知识等方面的问题。

当然，我可以帮你整理一些可能在面试中遇到的常见问题。在商业管理专业和咨询行业的背景下，以下是一些典型的面试题目：

1. 谈谈你过去在团队合作中的经验，特别是在解决团队内冲突或困难时的角色和贡献。

2. 举例说明一次你成功解决复杂问题的经历，包括问题识别、分析和解决方案的实施。

3. 在项目管理方面，你是如何确保项目按时交付、在预算内，并达到客户期望的？

4. 如何评估一个公司的竞争地位和市场机会？你会采取什么样的方法来提出建议？

5. 请描述一次你成功领导团队完成目标的经历，包括你如何激励团队成员并克服挑战。

6. 在处理客户关系时，你如何建立信任并确保客户满意？

7. 你对当前商业环境的看法是什么？如何看待行业未来的发展趋势？

8. 你是如何保持对行业知识的更新和学习的？

9. 请分享一次你在推动业务增长方面的成功经验，包括你如何识别机会并制定有效的策略。

10. 如果你发现团队成员之间存在合作问题，你会采取什么措施来解决？

这些问题旨在了解你的团队合作能力、解决问题的能力、项目管理技能以及对商业和行业的理解和洞察力。准备好用具体的例子和经验回答这些问题，以便给面试官留下深刻的印象。祝你面试顺利！

3.4.2 给予面试反馈

指令

例：「我是一名〈大学生〉，刚刚完成了一家〈科技公司〉的面试，需要你帮我撰写一封给面试官的反馈邮件。在邮件中，我想〈感谢他们给我提供面试机会〉，同时表达〈我对面试过程中讨论的职位的兴趣，简要提及我认为自己与这个职位匹配的几个关键点〉。」

说明

面试后向面试官发送一封反馈邮件是一个专业且礼貌的做法，不仅可以表达对面试机会的感激，还可再次强调自己适合该职位。AIGC 工具可以协助撰写这样的邮件，提高被录用的可能性。

示例

我是一名大学生，刚刚完成了一家科技公司的面试，需要你帮我撰写一封给面试官的反馈邮件。在邮件中，我想感谢他们给我提供面试机会，同时表达我对面试过程中讨论的职位的兴趣，简要提及我认为自己与这个职位匹配的几个关键点。

---

⑤ 当然可以！以下是一封可能适合的回馈邮件：

主题：感谢您的面试机会

尊敬的[面试官姓名]先生/女士，

我非常感谢您给予我参加[公司名称]的面试机会。通过与您和您的团队的交流，我对[职位名称]这个岗位的职责和机会有了更深入的了解，并且对能够为贵公司做出贡献感到非常兴奋。

在面试过程中，我特别被[公司名称]在[提及的关键点一]、[提及的关键点二]和[提及的关键点三]方面的发展所吸引。我相信我的[提及的技能或经验一]、[提及的技能或经验二]和[提及的技能或经验三]能够与贵公司的目标和愿景相契合，为团队带来积极的影响。

再次感谢您给予我的这个机会。我非常期待有机会加入贵公司，并为其未来的发展贡献力量。

祝好！

[你的姓名]

希望这封邮件对你有帮助！如果需要进一步的修改或添加内容，请随时告诉我。

3.4.3　丰富面试问题

指令

例:「我的专业是〈工业设计〉，即将参加一家〈设计公司〉的面试。我已经准备了一些基本的面试问题，但希望你帮我丰富这些问题，特别是关于〈创新设计、团队合作、项目管理和行业趋势〉等方面。请根据〈工业设计〉领域的特点，提供一些更深入的面试问题，以帮助我更全面地准备即将到来的面试。」

说明

AIGC工具能够提供一系列深入的面试问题，这些问题不仅覆盖基本的行业知识，还涵盖创新思维、团队合作和行业发展趋势等方面。可以帮助求职者更深入地了解行业，更加自信地应对面试，展示专业能力。

示例

> 我的专业是工业设计，即将参加一家设计公司的面试。我已经准备了一些基本的面试问题，但希望你帮我丰富这些问题，特别是关于创新设计、团队合作、项目管理和行业趋势等方面。请根据工业设计领域的特点，提供一些更深入的面试问题，以帮助我更全面地准备即将到来的面试。
>
> 当然，以下是一些关于工业设计领域的深入面试问题，希望对你有所帮助:
>
> **1. 创新设计**
>
> - 请分享一个你认为最具创新性的设计项目，并解释其中的创新点是什么?
> - 在面对设计问题时，你通常是如何寻找灵感和创意的?
> - 请描述一个你曾经面临的设计挑战，并介绍你是如何解决的?
>
> **2. 团队合作**
>
> - 你认为一个成功的设计团队应该具备哪些特质?
> - 请分享一个你在团队合作中遇到的挑战，并讲述你是如何克服的?
> - 在一个跨职能团队中工作时，你是如何确保有效的沟通和协作的?
>
> **3. 项目管理**
>
> - 你是如何规划和管理设计项目的时间和资源的?
> - 请分享一个你成功完成的项目，特别是在项目管理方面取得的成就。
> - 在处理多个项目同时进行时，你是如何保持项目的进度和质量的?
>
> **4. 行业趋势**
>
> - 你如何保持对工业设计领域最新趋势的了解?
> - 请谈谈你对未来工业设计发展的看法，以及你认为将会是该领域的主要趋势?
> - 你认为数字化技术对工业设计的影响是什么? 是否有任何具体的例子可以分享?
>
> 希望这些问题能够帮助你更好地准备面试，祝你好运!

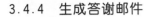

3.4.4 生成答谢邮件

指令

例:「我刚刚完成了一家〈咨询公司〉的面试,需要你帮我撰写一封答谢邮件。请在邮件中表达〈我对面试机会的感激之情,对于公司文化和面试过程的积极印象,以及我对这个职位的强烈兴趣〉。我还想〈简短地重申我认为自己适合这个职位的理由〉。」

说明

一封有效的答谢邮件应当简洁、诚恳,包含对公司或面试过程的正面评价。AIGC 工具可以帮助求职者撰写这样的邮件,使邮件内容专业且具有说服力。通过给面试公司发送答谢邮件,求职者可以给公司留下积极的印象,提高获得职位的可能性。

示例

我刚刚完成了一家咨询公司的面试,需要你帮我撰写一封答谢邮件。请在邮件中表达我对面试机会的感激之情,对于公司文化和面试过程的积极印象,以及我对这个职位的强烈兴趣。我还想简短地重申我认为自己适合这个职位的理由。

当然可以! 以下是你可以发送的答谢邮件草稿:

主题: 感谢面试机会

尊敬的[面试官姓名],

非常感谢您给予我参加[公司名称]的面试机会。我非常珍惜这次机会,也感谢您和团队在面试过程中对我的专业和友好。

在面试过程中,我对[公司名称]的公司文化和团队氛围留下了深刻印象。我认为这种积极、开放的工作环境非常适合我的发展和成长。我尤其欣赏公司对员工发展的重视,以及团队间的合作精神,这些都是我非常期待的。

我对这个职位的兴趣与日俱增。我相信自己具备的技能和经验与[公司名称]的需求非常契合,我很期待能为公司带来积极的贡献。我深知这个职位需要的责任和挑战,我已经准备好全力以赴,努力工作。

再次感谢您给予我这次宝贵的面试机会。期待能尽快听到您的回复。

祝好!

[你的姓名]

请根据实际情况进行调整和修改。

总结与展望

1. 总结

　　本书全方位展示了 AIGC 在学习、生活和社会实践中的应用,涵盖了从语言和沟通技能的提升,到创意生活的点滴,再到社会实践的操作等多个方面,引导学生全面掌握 AIGC 的应用技能。

　　作为一位卓越的学习伙伴,AIGC 不仅可以给学生带来充满创意、互动性极强、乐趣无穷的学习资料,还可给学生带来前所未有的语言学习体验。它不仅是一个简单的语法纠正器,更是一个引领学生探索语言奥秘的"智慧导师"。它让学生轻松增加词汇量、提高语法运用的准确性,并在实际语境中更灵活地运用语言知识。AIGC 甚至能生成作文评分标准,培养学生的批判性思维能力。在这个全新的学习旅途中,AIGC 助力学生掌握多语言的沟通技巧。当学习编程知识时,可以想象身旁有一位"精通编程语言的大师",这位大师不是"古板的老学究",而是知无不言的合作伙伴,让学习变得简单而有趣。借助 AIGC 的智能算法,能够获得有效的学科建议、推荐性学习资料,或者最佳的学习时间安排。在 AIGC 助力下,学生能够更加有序、科学地规划学习路线,为自己描绘更清晰的成长蓝图。

　　在创意生活领域,AIGC 的优势不言而喻。它是"活动策划达人""气象分析师""旅行爱好者""媒体运营官""动画制作专家"等。无论你是要策划一个独特的活动、规划一次难忘的旅行、制作引人入胜的媒体内容,还是要设计动画或创意方案等,AIGC 都能给予支持,为你的生活增添无限可能。

　　AIGC 是撰写报告的"行家"。那些冗长的文献和数据,AIGC 都能整理总结。只要告诉它相关主题,它就能快速地生成初稿。有了 AIGC 的帮助,你不用再为制定报告大纲而烦恼,它能提供一个详细的大纲,让你的报告的整体框架一目了然。阅读了大量文章后,AIGC 能帮你快速提取关键信息,生成一个简洁的总结。在这个求职竞争激烈的时代,作为即将迈入职场的毕业生,你需要一切能提高求职效率的工具。AIGC 可以根据你的经验和技能,快速生成一份履历。这样,你就可以专注于表达自己的兴趣,展示自己与职位的匹配点,而不用纠结于履历的格式和措辞。它还能搜集面试题,为你提供面试准备资料。无论是什么职位,AIGC 都能为你提供相关的面试题目,帮助你做好充分准备。

2. 展望

AIGC 赋能教育将是高等教育高质量发展的愿景。AIGC 的强势崛起是人工智能领域的一次重大变革,智能时代的帷幕已经拉开,未来社会将更加依赖于人工智能技术。学生作为这一时代的参与者和受益者,只有不断学习和适应新技术,才能在激烈的竞争中立于不败之地。

然而,新一代人工智能的广泛应用,也带来了新的社会问题和伦理挑战。在享受 AIGC 带来便利的同时,必须关注和解决人工智能在透明性、公平性和安全性方面的潜在问题。使用 AIGC 必须遵循相关的法律法规和伦理规范,确保技术应用的正当性和合规性。同时,要高度重视隐私保护,避免个人信息滥用和泄露。当然,在将 AIGC 工具视为"学习伴侣"时,不能过分依赖它生成的建议或决策,而应保持批判性思维和独立判断能力。此外,应重视学校教育和正规培训,提升人们对人工智能的理解和适当使用技能,减少技术应用可能带来的误解和风险。

展望未来,我们希望本书不仅能成为你在大学期间的得力助手,更能在你求职过程中继续发挥作用。随着 GPT-3/GPT-4、Midjourney、Pictory、Sora 等众多 AIGC 产品的横空出世,我们相信它的应用范围将更加广泛,功能将更加强大。为了跟上时代的步伐,我们需要不断学习和更新自己的知识结构。在这个过程中,我们每个人都有机会成为技术革新的推动者。希望本书能够激发你的学习热情,培养你独立思考和解决问题的能力。无论你面对的是学术挑战还是求职困境,AIGC 都将是你值得信赖的伙伴。

参考文献

[1] 毕天良,马凤强.ChatGPT类智能工具对我国高等教育的冲击及其应对[J].教育理论与实践,2024,44(3):3-8.

[2] 陈聪聪,李晨,王亚飞.文生视频模型Sora之于教育教学:机遇与挑战[J].现代教育技术,2024,34(5):27-34.

[3] 翟雪松,季爽,焦丽珍,等.基于多智能体的人机协同解决复杂学习问题实证研究[J].开放教育研究,2024,30(3):63-73.

[4] 董艳,唐天奇,普琳洁,等.教育5.0时代:内涵、需求和挑战[J].开放教育研究,2024,30(2):4-12.

[5] 龚旭凌,曲铁华.智能时代教学生态系统:表征形态、潜在风险与实践向度[J].当代教育科学,2024(3):21-29.

[6] 顾小清,胡艺龄,郝祥军.AGI临近了吗:ChatGPT热潮之下再看人工智能与未来教育发展[J].华东师范大学学报(教育科学版),2023,41(7):117-130.

[7] 郭颢,江楠,江宏,等.人工智能驱动教育变革的伦理风险及其解蔽之路[J].中国电化教育,2024(4):25-31.

[8] 胡加圣,戚亚娟.ChatGPT时代的中国外语教育:求变与应变[J].外语电化教学,2023(1):3-6,105.

[9] 蒋里.AI驱动教育改革:ChatGPT/GPT的影响及展望[J].华东师范大学学报(教育科学版),2023,41(7):143-150.

[10] 焦建利.ChatGPT助推学校教育数字化转型——人工智能时代学什么与怎么教[J].中国远程教育,2023,43(4):16-23.

[11] 金慧,彭丽华,王萍,等.生成未来:教育新视界中的人工智能与高等教育变革——《2023地平线报告(教与学版)》的解读[J].远程教育杂志,2023,41(3):3-11.

[12] 卡尔·雅思贝尔斯.什么是教育[M].上海:上海人民出版社,2022.

[13] 李锋,顾小清,程亮,等.教育数字化转型的政策逻辑、内驱动力与推进路径[J]. 开放教育研究,2022,28(4):93-101.

[14] 李光,刘芳芳.生成式人工智能赋能历史跨学科主题学习研究[J].教学与管理, 2024(16):43-47.

[15] 李铭,韩锡斌,李梦,等.高等教育教学数字化转型的愿景、挑战与对策[J].中国 电化教育,2022(7):23-30.

[16] 刘明,郭烁,吴忠明,等.生成式人工智能重塑高等教育形态:内容、案例与路径 [J].电化教育研究,2024,45(6):57-65.

[17] 卢宇,余京蕾,陈鹏鹤,等.生成式人工智能的教育应用与展望——以 ChatGPT 系统为例[J].中国远程教育,2023,43(4):24-31,51.

[18] 吕媛媛.ChatGPT 在高校教育评价中的应用前景:逻辑演变与发展向度[J].云 南师范大学学报(哲学社会科学版),2024,56(3):127-136.

[19] 马璨婧,马吟秋.中国式高等教育现代化的制度建设与创新路径[J].南京社会科 学,2023(8):123-133.

[20] 马也.ChatGPT 介入高校网络思想政治教育的风险审视及应对策略[J].江苏高 教,2024(6):88-96.

[21] 缪青海,王兴霞,杨静,等.从基础智能到通用智能:基于大模型的 GenAI 和 AGI 之现状与展望[J].自动化学报,2024,50(4):674-687.

[22] 欧阳嘉煜,缪静敏,汪琼,等.国外一流大学应对生成式人工智能挑战的策略分 析——基于对 31 所国外一流大学的线上调研[J].高等教育研究,2023,44(10): 99-109.

[23] 齐元沂,王腊梅.生成式人工智能应用于开放教育:机遇、挑战和应用场景[J].成 人教育,2024,44(6):56-61.

[24] 尚智丛,闫禹宏.ChatGPT 教育应用及其带来的变革与伦理挑战[J].东北师大 学报(哲学社会科学版),2023(5):44-54.

[25] 王竹立.建构新教育学体系,发展新质教育——从数智时代新知识观入手[J].开 放教育研究,2024,30(3):15-23,36.

[26] 吴河江,吴砥.教育领域通用大模型应用伦理风险的表征、成因与治理[J].清华 大学教育研究,2024,45(2):33-41.

[27] 徐岚,魏庆义,严弋.学术伦理视角下高校使用生成式人工智能的策略与原则 [J].教育发展研究,2023,43(19):49-60.

[28] 徐增鎏.从 Sora 热潮看人工智能时代电影行业的困境与进路[J].电影文学, 2024(10):43-46.

[29] 严奕峰,丁杰,高赢,等.生成式人工智能赋能数字时代育人转型[J].开放教育研

究,2024,30(2):42-48.

[30] 颜士刚.技术的教育价值论[M].北京:教育科学出版社,2010.

[31] 杨九诠.想象的困境:生成式人工智能世代的价值教育[J].中国远程教育,2024,
44(2):12-23.

[32] 张静.道器合一:ChatGPT 赋能信息素养教育高质量发展的归旨与路径[J].黑
龙江高教研究,2024,42(4):150-155.

[33] 张黎,周霖.教育领域"智能鸿沟"的生成、危害与弥合[J].现代远程教育研究,
2024,36(3):38-45.

[34] 张玉凤,潘海生.职业教育智能治理:内在机理、价值意蕴与风险审视[J].职教论
坛,2024,40(5):5-12.

[35] 赵勇,赖春,仲若君.世界教育的走向[J].华东师范大学学报(教育科学版),
2024,42(7):1-14.

[36] 郑永和,刘士玉,王一岩.中国教育数字化的现实基础、实然困境与改革方向[J].
中国远程教育,2024,44(6):3-12.

[37] 朱琳阡.ChatGPT 赋能语文写作教学的价值、冲击及启示[J].教学与管理,2024
(15):63-66.

[38] 朱旭东.教育高质量发展开启中国教育现代化新篇章[J].教育发展研究,2022,
42(Z1):3.

[39] 祝智庭,戴岭.融合创新:数智技术赋能高等教育的新质发展[J].开放教育研究,
2024,30(3):4-14.

[40] 祝智庭,胡姣.教育数字化转型的实践逻辑与发展机遇[J].电化教育研究,2022,
43(1):5-15.

[41] Budhwar P,Chowdhury S,Wood G,et al. Human resource management in the
age of generative artificial intelligence:Perspectives and research directions on
ChatGPT[J]. Human Resource Management Journal,2023,33(3):606-659.

[42] Husain A. Potentials of ChatGPT in computer programming:Insights from
programming instructors[J].Journal of Information Technology Education:Re-
search,2024,23:2.

附 录

AIGC 工具应用 1

AIGC 工具应用 2

AIGC 工具应用 3